彩图 1　塑料大棚西瓜

彩图 2　日光温室西瓜

彩图 3　西瓜嫁接苗

彩图 5　西瓜猝倒病症状

发病初期叶面症状

发病初期叶背症状

发病后期叶面症状

彩图 6　西瓜白粉病症状

彩图 7　西瓜施用三唑酮药害症状

发病初期叶片症状

发病中期叶片症状

发病后期叶片症状

西瓜叶枯病整株症状

彩图 8　西瓜叶枯病症状

叶片发病初期症状

叶片发病中期症状

叶片发病后期症状

彩图 9　西瓜叶斑病症状

叶片发病初期症状　　叶片发病中期叶面和叶背症状

彩图 10　西瓜细菌性叶斑病症状

初期病叶症状　　中期病叶症状

后期病叶症状　　病瓜症状

彩图 11　西瓜炭疽病症状

初期病叶背面症状　　中、后期叶面和叶背症状

彩图 12　西瓜霜霉病症状

茎部发病症状

果实发病症状

彩图 13　西瓜绵疫病症状

彩图 14　西瓜病毒病病株和病叶

彩图 15　西瓜根结线虫病症状

彩图 16　西瓜疫病病瓜

叶片症状

病茎

彩图 17　西瓜蔓枯病症状

整株症状

茎蔓基部缢缩褐变

病茎

彩图 18　西瓜枯萎病症状

中期叶片症状

后期叶片症状

病瓜

彩图 19　西瓜灰霉病症状

果实发病初期症状

果实发病后期症状

彩图 20　西瓜褐腐病症状

彩图 21　细菌性果腐病病瓜

彩图 22　西瓜酸腐病症状

彩图 23　化瓜

彩图 24　裂瓜

彩图 25　畸形瓜

彩图 26　脐腐病病瓜

彩图 27　黄带果

彩图 28　空洞瓜

彩图 29　晶瓜

彩图 30　西瓜无头苗

彩图 31　西瓜冷害症状

彩图 32　西瓜高脚苗

彩图 33　西瓜缺钙症状

彩图 34　西瓜缺镁症状

彩图 35　瓜蚜

彩图 36　白粉虱为害西瓜叶片症状

彩图 37　黄蓟马为害花器症状

彩图 38　美洲斑潜蝇危害叶片症状

彩图 39　朱砂叶螨为害叶片症状

成虫　　幼虫

彩图 40　瓜绢螟

高效种植致富直通车

棚室西瓜高效栽培

苗锦山　沈火林　编著

机　械　工　业　出　版　社

本书共分十三章，针对棚室西瓜生产实际需求，详细介绍了西瓜的基本生育特性、优良品种、棚室栽培常用设施的设计与建造、育苗技术、小拱棚栽培技术、塑料大棚栽培技术、日光温室栽培技术、无籽西瓜棚室栽培技术、棚室有机西瓜栽培技术、棚室西瓜特种栽培技术及其病虫害诊断与防治技术，内容翔实，图文并茂，通俗易懂，实用性强。书中设有“提示”“注意”等小栏目，并附有不同产区棚室西瓜高效栽培实例，可以帮助种植户更好地掌握棚室西瓜高效栽培技术要点。

本书适合棚室西瓜种植者和农技推广人员使用，也可供农业院校相关专业师生学习参考。

图书在版编目（CIP）数据

棚室西瓜高效栽培/苗锦山，沈火林编著．—北京：机械工业出版社，2015.3（2024.3 重印）
（高效种植致富直通车）
ISBN 978-7-111-49441-6

Ⅰ.①棚…　Ⅱ.①苗…②沈…　Ⅲ.①西瓜-温室栽培　Ⅳ.①S627.5

中国版本图书馆 CIP 数据核字（2015）第 037434 号

机械工业出版社（北京市百万庄大街 22 号　邮政编码 100037）
总 策 划：李俊玲　张敬柱　　策划编辑：高　伟　郎　峰
责任编辑：高　伟　郎　峰　李俊慧　责任校对：王　欣
责任印制：单爱军
保定市中画美凯印刷有限公司印刷
2024 年 3 月第 1 版第 8 次印刷
140mm×203mm · 7.125 印张 · 4 插页 · 183 千字
标准书号：ISBN 978-7-111-49441-6
定价：35.00 元

高效种植致富直通车

编审委员会

序

园艺产业包括蔬菜、果树、花卉和茶等，经多年发展，园艺产业已经成为我国很多地区的农业支柱产业，形成了具有地方特色的果蔬优势产区，园艺种植的发展为农民增收致富和“三农”问题的解决做出了重要贡献。园艺产业基本属于高投入、高产出、技术含量相对较高的产业，农民在实际生产中经常在新品种引进和选择、设施建设、栽培和管理、病虫害防治及产品市场发展趋势预测等诸多方面存在困惑。要实现园艺生产的高产高效，并尽可能地减少农药、化肥施用量以保障产品食用安全和生产环境的健康离不开科技的支撑。

根据目前农村果蔬产业的生产现状和实际需求，机械工业出版社坚持高起点、高质量、高标准的原则，组织全国20多家农业科研院所中理论和实践经验丰富的教师、科研人员及一线技术人员编写了“高效种植致富直通车”丛书。该丛书以蔬菜、果树的高效种植为基本点，全面介绍了主要果蔬的高效栽培技术、棚室果蔬高效栽培技术和病虫害诊断与防治技术、果树整形修剪技术、农村经济作物栽培技术等，基本涵盖了主要的果蔬作物类型，内容全面，突出实用性，可操作性、指导性强。

整套图书力避大段晦涩文字的说教，编写形式新颖，采取图、表、文结合的方式，穿插重点、难点、窍门或提示等小栏目。此外，为提高技术的可借鉴性，书中配有果蔬优势产区种植能手的实例介绍，以便于种植者之间的交流和学习。

丛书针对性强，适合农村种植业者、农业技术人员和院校相关专业师生阅读参考。希望本套丛书能为农村果蔬产业科技进步和产业发展做出贡献，同时也恳请读者对书中的不当和错误之处提出宝贵意见，以便补正。

中国农业大学农学与生物技术学院

前言

西瓜是世界五大水果之一。目前，我国西瓜常年播种面积近200万公顷，占全球西瓜种植面积的50%以上，总产量近7000万吨，是世界第一西瓜生产大国。

规范高效的栽培技术对指导我国西瓜产业的健康发展必不可少。由于设施栽培西瓜的经济效益显著优于露地栽培，因此近年来我国西瓜的棚室栽培面积呈不断增加趋势。为此，潍坊科技学院的科研工作者在总结归纳农民西瓜种植经验的基础上，结合自身的研究工作，编写了本书，以期为我国棚室西瓜产业的规范、高效、健康发展提供帮助。

本书从高产高效的角度，以我国棚室西瓜主产区生产过程中存在的问题和解决方法为例，结合西瓜的标准化和规范化栽培，对棚室西瓜种植的良种选择、茬口优化安排、棚室设计和建造、棚室高效栽培技术及病虫害诊断与防治等作了较为全面的阐述，讲清了棚室西瓜生产技术的要点和应注意的问题。文内附有棚室西瓜高效栽培实例，大量图片、表格，并设有“提示”“注意”等小栏目，可以帮助种植户更好地掌握棚室西瓜高效栽培技术。

需要特别说明的是，本书所用药物及其使用剂量仅供读者参考，不可完全照搬。在实际生产中，所用药物学名、通用名和实际商品名称存在差异，药物浓度也有所不同，建议读者在使用每一种药物之前，参阅厂家提供的产品说明以确认药物用量、用药方法、用药时间及禁忌等。

本书在写作工程中得到了国内相关专家的大力支持和帮助，并参引了许多专家、学者和同行们的成果和经验，在此一并谨致谢忱。

由于编者水平有限，书中难免有错误和不当之处，恳请广大读者批评指正。

编　者

目录

第五章 西瓜育苗技术

第六章 西瓜小拱棚栽培技术

第七章 西瓜塑料大棚栽培技术

第八章 西瓜日光温室栽培技术

第九章 无籽西瓜棚室栽培技术

第十章 棚室有机西瓜栽培技术

第十一章 棚室西瓜特种栽培技术

第十二章 西瓜病虫害诊断与防治技术

第十三章　棚室西瓜高效栽培实例

附录

参考文献

第一章 概述

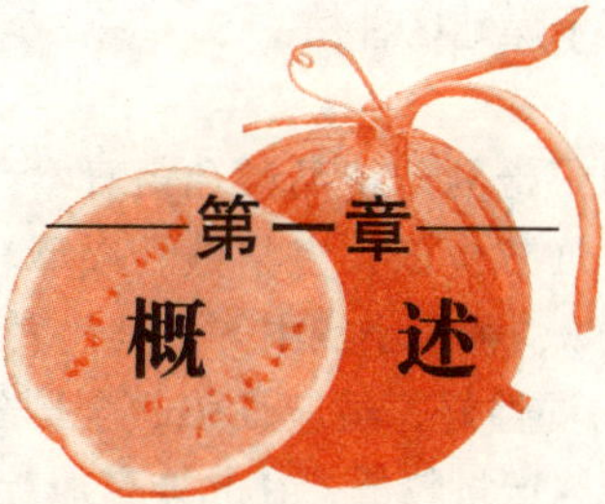

西瓜又称水瓜、寒瓜、月明瓜，属葫芦科西瓜属，是一种重要的园艺作物。从食用角度可将其作为水果，从生物学特性和栽培特点来看，它又具有蔬菜作物的特点。

西瓜因具有良好的食用和药用价值，而在世界范围内广泛栽培，深受人们喜爱，是位居葡萄、香蕉、柑橘、苹果之后的第5大类水果。

一 西瓜的起源、分类及在我国的分布

西瓜起源于非洲南部的卡拉哈里沙漠，至今已有5000～6000年的栽培历史。西瓜先经欧洲广泛种植后，沿古代丝绸之路传入我国新疆地区，后逐渐传入河南、陕西等中原地区。

西瓜品种多样，在不同生态条件下形成了不同的生态类型。我国西瓜栽培品种主要包括4种类型，目前推广的西瓜杂交种多是由不同生态型杂交选育而来的。

1. 华北生态型

该类型品种适应于华北地区暖温带半干旱气候，多为长势较强的中晚熟品种，果型较大，果肉性状多样，中心折光糖含量为7%～9%，种子中等偏大。其代表品种有郑州2号、郑州3号、庆丰西瓜等。该类品种耐旱忌湿，不适于南方阴雨高湿地区种植。

2. 西北生态型

该类型品种适应于西北地区干旱的大陆性气候，植株长势较旺，坐瓜节位高，果型大，晚熟，中心折光糖含量为7%～9%，种子偏

大。其代表品种有白皮瓜、大花皮等。该类品种极不耐湿，仅局限于新疆、甘肃河西等干燥地区种植。

3. 东亚生态型

该类型包括江浙一带的传统品种和由日本引进的部分品种。它适应于湿热环境，坐瓜节位低，多早熟。果型较小，皮薄，中心折光糖含量为10%~11%，种子小或中等。其代表品种有新大和、华东24号等。该类品种耐湿性好，适应性强，全国各地均可种植，保护地栽培面积较大，但因产量较低，在北方露地产区推广面积不大。

4. 美国生态型

该类型原产于美国，适应于日照充裕的干旱沙漠、草原气候。其长势较强，坐瓜节位高，多为晚熟品种，果型较大，中心折光糖含量为10%，抗病。一般将其作为育种材料，直接应用于生产的较少。

而根据我国西瓜栽培品种类型、栽培特点的差异，可将西瓜分布区域划分为北方多旱气候栽培区、西北干燥气候栽培区、南方阴雨多湿气候栽培区和青藏高原气候栽培区。其中，北方多旱气候栽培区约占全国西瓜栽培面积的50%。

二 西瓜的营养和药用价值

西瓜汁多味甜，富含多种糖类、矿物质、维生素、氨基酸、有机酸和番茄红素，营养丰富，是清热解暑之佳品。西瓜的营养成分见表1-1。

表1-1 每100g西瓜的营养成分

成分名称	含量	成分名称	含量	成分名称	含量
可食部	56g	水分	93.3g	碘	0
能量	105kJ	蛋白质	0.6g	脂肪	0.1g
碳水化合物	5.8g	膳食纤维	0.3g	胆固醇	0
灰分	0.2g	维生素A	75mg	胡萝卜素	450mg
烟酸	0.2mg	硫胺素	0.02mg	核黄素	0.03mg
钙	8mg	维生素C	6mg	维生素E	0.1mg
钠	3.2mg	磷	9mg	钾	87mg
锌	0.1mg	镁	8mg	铁	0.3mg
锰	0.05mg	硒	0.17μg	铜	0.05mg

西瓜作为食品和药品加工原料，应用相当广泛。常见的西瓜食品有西瓜子、西瓜汁、西瓜酱、西瓜脯、西瓜酒、西瓜罐头等，还可用其加工成西瓜霜和西瓜果胶等药品。

此外，鲜西瓜皮、干制西瓜皮均可入药，对防治水肿、烫伤、肾炎等具有一定疗效。用其提取的番茄红素对男性前列腺具有保健作用。

三 我国西瓜生产现状、存在问题和解决策略

1. 生产现状

1）目前我国西瓜常年播种面积200多万公顷，占蔬菜播种面积的10%以上，种植面积和总产量均居世界第一位。

2）露地栽培技术不断改进，在西瓜单一茬口栽培的基础上发展了西瓜与其他粮、菜、果树等作物间、套作技术，取得了瓜粮、瓜菜、瓜果双丰收。

3）露地双膜覆盖，大、小拱棚和日光温室等设施栽培发展迅速，基本可实现西瓜周年生产，四季供应，经济效益显著提升。

4）品牌培育成效显著，形成了诸多西瓜优势产区，品牌价值初步显现。结合当地的适宜环境和栽培技术，我国新疆吐鲁番、兰州沙田、陕西关中、河南汴梁及北京大兴、山东昌乐、上海崇明、江苏东台、浙江宁波等露地和设施西瓜产区均已形成独具特色的发展模式，必将为我国西瓜产业发展做出更大贡献。

2. 存在问题和解决策略

1）生产组织化程度较低，价格波动造成年际经济效益不稳定。我国西瓜生产多为一家一户式生产模式，组织化程度较低，缺乏对市场的预警机制，瓜农往往根据当年价格决定第二年的生产规模，从而导致生产面积和价格的波动，瓜贱伤农现象影响了土地产出和农户种植积极性。因此，应加强对各类西瓜专业合作社、农协会及家庭农场的扶持和建设，鼓励西瓜规模化、基地化、标准化生产，提高集体抗市场风险能力。

2）品种配套和设施栽培品种培育不足。目前我国不同地区西瓜栽培早、中、晚熟品种配套基本齐全，可以分期收获上市。但随着棚室西瓜栽培的发展，耐低温、耐湿、耐弱光、抗病的保护地专用

品种开发较少，不能满足生产需求。而引进国外设施专用西瓜品种价格昂贵，生产成本大增。因此，国内相关育种机构应积极加强科技攻关，尽快选育出适于不同保护地栽培的配套品种。同时要着力加强设施栽培配套技术的研发和应用，以促进我国设施西瓜产业的健康发展。

3）西瓜抗重茬品种和技术的研发与推广仍需加强。我国一家一户式的西瓜生产模式使西瓜轮作难度加大，而常年连作导致枯萎病、猝倒病、炭疽病等土传病害多发，西瓜高产优质生产难度增加。因此，科研部门应积极采取措施选育抗病或耐重茬品种及亲和性好的嫁接砧木，并大力推广嫁接技术，提高对西瓜连作障碍克服的水平和能力。

第二章

西瓜的生物学特性及对环境条件的要求

第一节　西瓜的生物学特性

西瓜原产于非洲的热带草原，是葫芦科西瓜属的一年生蔓性草本植物，为夏季重要的消暑果品。完整的西瓜成龄植株包括根、茎、叶、花及果实。

1. 根

西瓜根系属直根系，由主根、多级侧根和不定根组成，是吸收水分和营养物质的器官。

西瓜根系发达，根系水平伸展可达3m左右，主根入土深度可达2m，但主要的功能根系群分布在土壤表层20~30cm的耕作层内。直播西瓜的子叶展开后，主根分生一级侧根。伸蔓时，根系分化生长加快，侧根数大增。第一朵雌花坐瓜前根系发生和伸长达到高峰。坐瓜后，根系生长基本停顿。西瓜匍匐爬地生长时，茎节处还会长出不定根，起吸收水分和养分、固定枝蔓的作用。

西瓜根系生长特点：一是发根较早，开花坐果期即达生长高峰；二是根量少，木质化程度高，易损伤，再生力弱，根系受损后新根发生缓慢；三是根系生长需要充分供氧，因此结构良好、孔隙较大、含水量适中的壤土有利于根系生长。黏重、板结或积水的土壤影响根系正常发育，西瓜根系如图2-1所示。

2. 茎

西瓜茎又称瓜蔓，在第5~6叶出现之前直立生长，而后为蔓性，匍匐生长。茎表面布满茸毛，横断面为圆形或椭圆形，具有 10 束维管束，是茎的输导组织，具有运输无机和有机营养的作用。

西瓜茎蔓上着生叶片的部位称为节，两个叶片之间的节叫节间。西瓜节间长短与品种和栽培管理措施相关，一般其生育前期节间较短，4～5 节后节间逐渐增长，至坐瓜节节间可长达 18～25cm。

西瓜分枝能力强，幼苗顶端伸出的蔓称为主蔓，主蔓叶腋着生的侧蔓称为子蔓，子蔓着生的侧蔓称为孙蔓。生产上西瓜坐瓜部位主要在主蔓，除基部 1～2 条健壮侧蔓外，其他侧蔓和孙蔓均应摘除，以避免其消耗养分。

此外，茎蔓叶腋内还着生苞片、雄花或雌花、卷须和根原始体（图 2-2）。

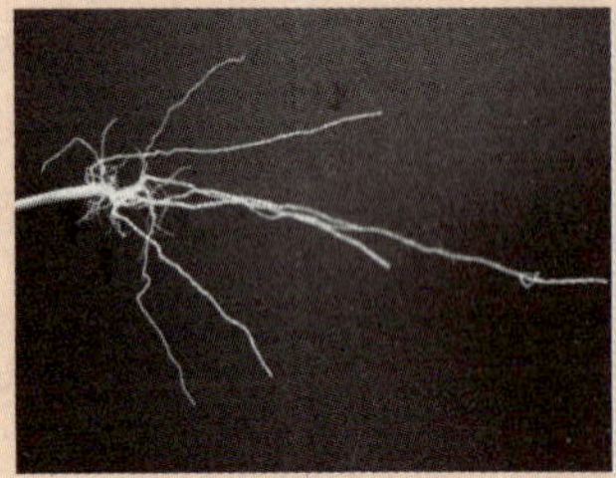

图 2-1　西瓜根系

图 2-2　西瓜茎

3. 叶

西瓜叶片分为子叶和真叶两种。子叶两片，较肥厚，呈椭圆形。子叶可以为种子发芽提供营养，还可在真叶长出之前进行光合作用，因此保护子叶、延长其功能期是培育壮苗的重要措施。

真叶由叶片和叶柄组成。叶片呈掌形羽状，单片，互生，无托叶，叶缘缺刻。根据缺刻形状和大小，真叶可分为窄裂片、宽裂片和全缘叶型 3 种。真叶表面有蜡质和茸毛，叶边缘具有细锯齿，是适应干旱环境的形态特征。主蔓上第 1～2 片真叶，小而全缘，伸蔓后逐渐表现本品种的固有叶型（图 2-3）。

西瓜叶片从肉眼可见到长成成叶需 10～15 天，寿命为 30 天左右。主蔓第 15 节附近叶片叶面积较大，是主要的功能叶片。

【提示】 西瓜叶柄长而中空，长度略小于叶片。生产上可根据叶柄长度和叶形指数诊断植株长势：叶柄较短、叶形指数较小的，植株生长健壮；反之，为徒长表现。

4. 花

图 2-3　西瓜真叶

西瓜花为单性花，分雌花和雄花两种，一般为雌雄同株异花。少数品种具有两性花。西瓜第 2 片真叶展开前花原基形成，3 ~ 5 片真叶后始花，雄花的产生早于雌花，且数量较多。每一叶腋着生一至数朵雄花。主蔓第 1 朵雌花着生节位因品种而异，一般早熟品种于5 ~ 7 节着生第 1 朵雌花，中熟和晚熟品种分别于 7 ~ 9 节和 10 ~ 11 节着生第 1 朵雌花，子蔓第 1 朵雌花节位发生较低。之后主、侧蔓每隔5 ~ 7 节再发生 1 朵雌花，也有品种连续发生 2 朵雌花。

雄花萼片 5 片，花瓣 5 枚，黄色，基部联合，花药 3 个，呈扭曲状。雌蕊柱头先端 3 裂，子房下位，卵状或长椭圆形。无籽西瓜雌雄花较普通西瓜大，颜色深。雌蕊柱头和雄蕊花药均有蜜腺，属虫媒花，主要依靠蜜蜂、蚂蚁等传粉，品种间易天然杂交引发品种退化，制种时安全间隔距离为 1000m 以上。西瓜一般早晨 6：00 ~ 7：00 开花，11：00 闭花，下午 3：00 完全闭花。阴雨天、低温、高湿环境开花延迟。因此，晴天适宜授粉时间为上午 8：00 ~ 9：00。西瓜雌花子房形状与大小和品种、栽培条件相关，因果形不同而不同（图 2-4）。

5. 果实

西瓜果实为瓠果，由果皮、果肉和种子组成。

果皮光滑，果皮颜色由底色和覆纹决定。底色可分为白色、浅黄色、浅绿色、深绿色、墨绿色或近黑色等。覆纹形状和颜色因品种而异，多为橙黄色、深绿色或墨绿色锯齿状条带，条带又有宽窄之分（图 2-5）。

图 2-4　西瓜花

图 2-5　西瓜果实

果皮的厚度和柔韧性因品种而异，也与栽培因素有关，一般低节位、低温、弱光环境下结瓜果皮厚，品质差。另外，黑皮西瓜果皮的柔韧性或耐裂性较好。生产上应着力推广皮薄、耐裂的优良品种。

西瓜果肉主要由薄壁细胞构成。当果实成熟时，细胞内的糖分和各种色素增加，果肉呈现白色、黄色、橙黄色、浅红色、玫瑰红色、大红色等多种颜色。一般瓜瓤红色的深浅程度由番茄红素含量多少决定，黄色由胡萝卜素含量多少决定，白色则由黄素酮类与多种糖结合成的糖苷含量多少决定。果肉肉质有疏松和致密之分，肉质疏松的易起沙、空心，不耐储藏；肉质致密的不易空心倒瓤。

果实大小不一，形状多样。生产栽培西瓜单瓜重为 2 ~ 10kg。一般早熟品种果型小，中熟品种较大，晚熟品种最大。果实形状分为圆形、高圆形、短圆筒形和长圆筒形等，果形指数为 1.0～1.5 或 1.0 以上。

6. 种子

西瓜种子由种皮、胚和子叶构成，无胚乳。种子形状为扁平卵圆形，种皮较厚且硬，发芽需浸种时间长一些。种子的色泽、大小因品种而异。一般种子表皮光滑或有裂纹，颜色有黑、白、黄、红等几种。西瓜种子千粒重差异较大，一般在 30～100g 之间，小粒种子千粒重为 40g，中粒种子为 40～80g，80g 以上的为大粒种子。西瓜单瓜种子数多在 300～500 粒之间。种子在干燥、通风的自然条件下可保存 10 年以上（图 2-6）。

图 2-6　西瓜种子

第二节　西瓜的生育周期

西瓜从播种到完成整个生育周期需 80～120 天，其生长发育过程具有明显的阶段性，不同生育阶段的生长中心和对环境条件的要求明显不同。根据西瓜各生育阶段的基本特点，其生育进程可分为发芽期、幼苗期、伸蔓期和结果期 4 个时期。

1. 发芽期

从种子萌动至子叶展平，第 1 片真叶抽出时为发芽期，此期需 8～10 天。西瓜发芽适温为 28～30℃，低于 15℃ 不能发芽，高于 30℃，虽发芽较快，但幼苗细弱。此期幼苗主要依靠种子储藏的养分进行生长，胚轴和根系是生育中心。子叶是此期主要的光合作用器官，保护子叶完整和维持其正常功能对幼苗发育作用较大。

发芽期栽培管理的关键是保证合理的光温条件促进根系生长和叶原基分化，防止下胚轴徒长成“高脚苗”，促进壮苗培育。

2. 幼苗期

从子叶展平到第5～6片真叶展开为幼苗期，又称为团棵期，此期需25～30天。此时地下部根系迅速生长，次生根大量形成，叶芽分化较快，花芽开始分化，但地上部茎叶的干、鲜重和叶面积增长缓慢，幼苗节间较短，呈直立状。

此期栽培管理重点是创造适宜的土壤温湿度条件，中耕松土，增加土壤通透性，促根系发育和花芽正常分化。

【注意】 在保护地栽培条件下，幼苗期如果遇低温环境，易引发西瓜花芽分化不良，产生畸形果，生产上应予以注意。

3. 伸蔓期

从幼苗期到坐瓜节位雌花开放为伸蔓期，此期需20～25天。伸蔓期节间迅速伸长，植株由直立生长状态转为匍匐生长状态。

此期地上部营养器官进入快速旺盛生长阶段。主蔓迅速伸长，第1～3个叶腋开始萌发侧蔓，并与主蔓并进生长。叶片及叶面积增加较快，根系继续旺盛发育，至伸蔓期结束时根系基本建成。此期以营养生长为主，生长中心是主、侧蔓生长点，主、侧蔓间尚无同化养分的互相转移。

此期栽培管理上应把握“促”“控”结合的原则。伸蔓前期应加强肥水管理，促使叶蔓健壮生长和根系继续发育。伸蔓后期应以控为主，采用整枝、压蔓、摘心、控水肥等抑制植株徒长的措施，促使生长中心向生殖生长转移。

4. 结果期

从坐瓜节位雌花开放到果实充分成熟为结果期，此期需30～40天。根据果实形态变化和发育特点，结果期又可分为坐果期、膨果期和成熟期3类。

(1) 坐果期 从坐瓜节位雌花开放到幼瓜褪毛坐稳，25～30℃适温下需4～6天。此期茎叶生长仍然旺盛，幼瓜生长缓慢，基部功能叶片光合产物的输入中心仍是茎端，因此营养生长和生殖生长对养分竞争激烈。

> 【提示】 坐果期在栽培上应以控为主，及时整枝、压蔓、控水肥等抑制叶蔓生长，同时辅助人工授粉，促进坐瓜。

（2）膨果期　从果实褪毛到果实停止膨大定个为止，需 18 ~ 25 天。此期叶蔓生长逐渐衰退，果实膨大迅速。生长中心转为果实，无果侧蔓的光合产物更多地输入有果侧蔓。

（3）成熟期　从果实定个到生理成熟，需 5 ~ 7 天。此期果实基本定型，重量和体积增加不大，以果实内含物如糖分的转化为主，尤其是蔗糖含量迅速增加。同时果皮变硬，表现出本品种特有的颜色和花纹，瓜瓤颜色逐渐转深，种子成熟并着色，但叶片功能逐渐衰退。

> 【提示】 成熟期在栽培上应停止浇水施肥，注意排水，防止叶蔓早衰。

第三节　西瓜对环境条件的要求

1. 温度

西瓜属喜温耐热作物，生育过程中需要较高温度，不耐低温，遇霜即死。西瓜生长所需要的最低温度为 10℃，最高温度为 40℃，最适温度为 28 ~ 30℃。5℃以下发生冷害，45℃以上时出现高温生理伤害。

西瓜不同生育阶段对环境温度要求不同，其温度管理指标见表 2-1。

表 2-1　西瓜不同生育阶段的温度管理指标

生育阶段	适宜温度/℃	最低温度/℃	最高温度/℃
发芽期	28 ~ 30	15	35
幼苗期	23 ~ 25	15	35
伸蔓期	25 ~ 28	15	35
结果期	30 ~ 35	18	35

西瓜从雌花开放到果实成熟需积温 800 ~ 1000℃，整个生育期需积

温2500～3500℃。尤其果实发育期间，在适温范围内，温度越高，果实发育就越好；低于15℃则产生扁圆、皮厚、空心、畸形等残次果。

与气温相比较，西瓜根系发育所需要的地温范围为20～30℃。其根系生长适温为25～30℃，最低温度为10℃，最高温度为38℃。根毛发生的最低温度为13℃。无籽西瓜生长发育温度一般较普通西瓜高，如其发芽适温为33～35℃，生产上应予以注意。

西瓜生育除需要较高温度外，还需要一定的昼夜温差。在一定范围内，适宜的昼夜温差和较低的夜温有利于植株健壮生长和糖分积累。

2. 光照

西瓜属喜光作物，生育期内需要充足的光照时间和光照强度。西瓜光合作用的光饱和点为80000lx，光补偿点为4000lx。在此范围内，随光强增加，植株生长健壮，花芽分化早，坐瓜率高。但在阴雨弱光条件下，植株生长细弱，易落花化瓜，果实含糖量下降，品质差。

西瓜属短日照作物，苗期适当低温和短日照有助于西瓜早熟丰产。但日照少于8h不利于西瓜生育，每天日照时间应以10～12h为宜。

3. 水分

西瓜根系发达，茎叶有茸毛，叶片缺刻，有蜡质，可减少水分蒸腾，因此西瓜具有较强的耐旱能力，但同时西瓜也是需水量较多的作物，一株西瓜整个生育期内的耗水量约为1000L。0～30cm耕作层土壤相对含水量为60%～80%方能满足其生育需求，促其正常发育和获得高产。土壤含水量低于50%，植株受旱，发育不良。西瓜不同生育阶段的需水指标见表2-2。

表2-2　西瓜不同生育阶段的需水指标

生 育 阶 段	土壤相对含水量（%）
幼苗期	65
伸蔓期	70
开花坐果期	65
膨果期	75

坐瓜节位雌花开放前后和膨果期是西瓜生长期内的两个水分敏感期，土壤含水量过低或过高均不利于其生长发育，从而影响产量和品质。

西瓜喜干燥环境，生育环境适宜湿度为空气相对湿度的50%~60%，空气潮湿则长势变弱，病害多发，坐果率低，品质差。但开花授粉期间，空气湿度过低，则花粉不能正常萌发，导致受精不正常，子房脱落。

4. 土壤及营养条件

西瓜对土壤的适应性较强，沙土、壤土、黏土均可种植。但西瓜根系好氧，因此最适宜西瓜根系生长的土壤为土层深厚、排水良好、肥沃疏松的壤土或沙壤土。沙质土壤虽然昼夜温差较大、透气性好，但保肥、保水性差，西瓜生育后期易脱肥、早衰，因此合理肥水管理是沙地西瓜增产的关键。黏性土壤透气不良、发苗慢，但其保肥、保水性强，植株不易早衰，因此适于中晚熟品种和多次结果栽培，若管理得当，可获高产。

西瓜对土壤酸碱度适应性强，在pH为5~7范围内均能正常生长，但pH低于5.5时枯萎病发病率增加。西瓜耐盐碱，在土壤含盐量低于0.2%时仍可栽培。但西瓜不耐重茬，一般水旱轮作需3~4年，旱地轮作需6~7年，连作或轮作周期短易引发枯萎病。

西瓜属喜肥作物，每生产1000kg果实需纯氮4.6kg、纯磷3.4kg、钾素3.4kg。氮肥可促进叶蔓生长，促进植株健壮。磷肥可促进根系生长和花芽分化，提高植株耐寒性。钾肥可促进养分向果实转运，并提高植株抗病性。西瓜整个生育期对氮、磷、钾的吸收比例为3.28∶1∶4.33，但不同生育阶段对三者的需要量和比例不同。因此，生产上应根据不同生育期的需肥特点和植株长势进行施肥，施肥应以基肥和追肥并用为宜。一般基肥以磷肥和农家肥为主，苗期轻施氮肥，伸蔓期增施氮、磷肥，结果期以氮、钾肥为主。

5. 气体条件

气体主要是指氧气、二氧化碳，也包括氨气、一氧化碳、二氧化硫等有害气体。西瓜根系生长的最适氧气含量为18%，土壤及时排除积水和中耕松土，能增加透气性，有利于根系生长并提高其吸收功能。

西瓜光合作用的二氧化碳补偿点为40mg/kg，二氧化碳饱和点为2000mg/kg，空气中二氧化碳含量为300mg/kg，不能满足其需求，因此棚室栽培西瓜补充二氧化碳气肥可起到一定的增产效果。

此外，棚室栽培西瓜由于施肥不当或农膜配料不当等原因，会产生氨气、一氧化碳、二氧化硫等危害植株的有害气体，生产上应加强棚室气体检查，及时通风换气，排除有害气体。

第三章

西瓜优良品种介绍

本章介绍了我国目前各地的主栽西瓜品种及新育成的部分新品种，以国产良种为主，附加部分国外引进良种，着重突出了适于棚室栽培的中早熟西瓜良种，以为从事西瓜棚室栽培的种植户提供参考。种植户应在把握当地西瓜品种适销情况和栽培品种适应性的基础上进行品种选择方能取得较好的栽培效果。

第一节　特早熟小果型优良品种

特早熟小果型优良品种的共同特点：生育期 80 ~ 85 天，果实发育期 25 ~ 28 天，单瓜重 2 ~ 3kg，表现为果型小、皮薄易裂、极早熟、品质优，可一株多果，适于棚室早熟栽培。其代表品种如下。

1. 早春红玉（图 3-1）

该品种是由日本米加多公司选育的杂交一代极早熟小果型西瓜。早春季节保护地栽培一般于 5 月收获，果实发育期为 35 ~ 38 天，夏秋露地种植一般于 9 月收获，果实发育期为 25 ~ 30 天。果实为长椭圆形，果皮底色为深绿色、覆锯齿状墨绿色条纹，果皮厚为 0.4 ~ 0.5cm，瓤色鲜红，纤维少，瓤质脆嫩，风味佳。中心折光糖含量为 12% 以上，商品性好。单瓜重 1.5 ~ 2.0kg，一般

图 3-1　早春红玉

亩产（1 亩 = $667m^2$）2000kg 左右。

2. 春光（图 3-2）

该品种是由合肥华夏西瓜甜瓜科学研究所选育的杂交一代新品种。早熟，早春季节保护地栽培的果实发育期为 32 ~ 35 天，夏秋露地种植的果实发育期为 30 天左右。植株生长健壮，较耐低温，早春棚室栽培的雌雄花分化正常，易坐果。果实为长椭圆形，果皮底色鲜绿、覆墨绿色齿状条纹，果皮厚 0.3cm，柔韧性好，不易裂瓜，较耐储运。瓤色鲜红，瓤质脆嫩，中心折光糖含量为 13% 左右，中边糖梯度小，风味佳。单瓜重 1.5 ~ 2.0kg，适于上海、江浙等地露地栽培。

3. 华晶 5 号（图 3-3）

该品种是由洛阳市农发农业科技有限公司选育的杂交一代小型西瓜。为极早熟种，果实发育期 25 ~ 28 天。果形为椭圆形，果皮绿色覆墨绿色条带，果皮厚 0.5cm，较韧耐裂，较耐储运。瓤色鲜红，瓤质脆爽，中心折光糖含量 13% 左右，中边糖梯度小。植株长势较强，第 1 雌花着生节位第 4 ~ 7 节，雌花间隔 4 ~ 5 节，易坐果，单株结瓜 2 ~ 3 个。单瓜重 1.5 ~ 2.0kg，亩产 3600kg 左右。该品种适应性广，适宜在江西、湖南、湖北、四川、陕西保护地作春播早熟栽培。

图 3-2　春光

图 3-3　华晶 5 号

4. 秀丽（图 3-4）

该品种是由安徽省农业科学院园艺研究所选育，系杂交一代小型西瓜。属极早熟种，全生育期 80 ~ 85 天，果实发育期 24 ~ 26 天。果形为椭圆形，果皮鲜绿覆深绿色锯齿形窄条带 15 ~ 16 条，皮薄耐裂，较耐储运。瓤色鲜红，瓤质脆爽，中心折光糖含量 13% ~ 14%，中边糖梯度小，风味佳。单瓜重 1.5 ~ 2.0kg，不易倒瓤空心。植株生长健壮，耐低温弱光，早春棚室栽培易坐果。

5. 京秀（图 3-5）

该品种是由国家蔬菜工程技术研究中心选育的杂交一代小型西瓜。早熟，全生育期 85 ~ 90 天，果实发育期 26 ~ 28 天。果实椭圆形，果皮绿色覆锯齿形深绿色窄条带，果实周正美观，较耐储运。果实剖面均一，无空心、白筋等。果肉红色，肉质脆嫩多汁，少籽，风味极佳。中心折光糖含量 13%，中边糖梯度小。单瓜重 1.5 ~ 2.0kg，易坐瓜，单株结瓜 2 ~ 3 个，亩产可达 2500 ~ 3000kg。植株生长健壮，分枝性弱，耐炭疽病、疫病等，较耐低温，适于保护地或露地进行多层覆盖提早栽培或秋延迟栽培。

图 3-4　秀丽

图 3-5　京秀

6. 春艳（图 3-6）

该品种是由安徽省农业科学院园艺研究所选育的杂交一代小型西瓜。极早熟，全生育期 75 ~ 80 天，果实发育期 24 ~ 25 天。果形为椭圆形，果皮鲜绿色、覆深锯齿形窄条带 15 ~ 16 条。瓜形周正，不空心，皮薄耐裂，较耐储运。瓤色深红，瓤质细嫩脆爽，少籽，中心折光糖含量 13%，边糖含量 11%，风味佳。单瓜重 2.5kg 左右，亩产量 3200kg 左右。植株生长健壮，不易早衰，易坐果，连续坐果能力强，耐低温弱光、耐湿，宜早春种植。

7. 红小帅

红小帅是由北京市农业技术推广站选育的杂交一代小型西瓜。田间生长势中等，果实发育期31天，抗病性中等，主蔓第8~9节着生第1雌花，雌花间隔4~5节。易坐果，平均单瓜重1.14kg，果实椭圆形，果形指数为1.21，花皮，红瓤，中心折光糖含量10.73%，边部折光糖含量9.19%，质地脆，纤维少，口感较好，籽少，果皮厚0.47cm，较脆，耐储运性中等。适于北京地区栽培。

8. 红小玉（图3-7）

红小玉由日本南都种苗株式会社选育，系杂交一代小型西瓜。该品种早熟，全生育期80~83天，果实生育期23天左右。

果实高圆形，果形端正，果皮深绿色上覆16~17条细虎纹状条带，外观漂亮。皮厚0.3cm，皮韧不裂，较耐储运。果肉深桃红色，剖面均一，不空心，瓤质脆沙爽甜，口感风味佳。中心折光糖含量13%以上，中边糖梯度小。单瓜重2kg左右，易坐果，单株结瓜2~3个，亩产可达2000~3000kg。植株生长势旺盛，分枝性较弱，双蔓第1雌花着生节位第5~7节，以后每隔4~5节着生一雌花。抗炭疽病、疫病，耐低温性较好。

图3-6 春艳

图3-7 红小玉

9. 秀美（图3-8）

秀美是由安徽省农业科学院园艺研究所选育的杂交一代小型西瓜。该品种极早熟，果实发育期26天左右。果实高圆形，果皮鲜绿色，花纹明显有规律。瓜瓤红色，肉质细嫩，中心折光糖含量13%~13.5%，边糖含量 10.5%，风味和口感极佳。单瓜重 1.5 ~ 2kg，瓜皮薄，有韧性，耐储运。幼苗期生长缓慢，2 片叶后生长迅速，耐低温弱光、耐湿性好。抗病性极强，耐重茬种植，适于春、秋季大小拱棚栽培。

10. 特小凤（图 3-9）

特小凤是由台湾农友种苗公司选育的杂交一代小型西瓜。该品种极早熟，全生育期80 天左右，果实发育期25 天左右。果形为高圆形，果皮绿色覆墨绿色条带，果肉金黄色，瓤质脆爽、甜而多汁，中心折光糖含量 12% 左右，中边糖梯度小，果皮极薄，易裂瓜。单瓜重 1.5kg，亩产 2000kg 左右。较耐低温，适于秋、冬、春三季保护地栽培。

图 3-8　秀美

图 3-9　特小凤

11. 黄小玉（图 3-10）

黄小玉是由日本南都种苗株式会社选育的杂交一代小型西瓜。该品种早熟，全生育期90 天左右，果实发育期28 天左右。果形为高圆形，果皮绿色覆墨绿色虎纹状条带，果肉深黄色，瓤质脆沙、细嫩爽口，不易倒瓤，中心折光糖含量 12.5% 以上，中边糖梯度小，口感风味佳。果皮极薄，仅为 0.3cm，皮韧，耐储运。单瓜重 1.5 ~ 2.0kg，亩产 2000 ~ 3000kg。植株生长势中等，分枝力强，主蔓第 1 雌花着生节位第 5 ~ 7 节，雌花间隔 4 ~ 5 节，坐果性好，单株结瓜

2～3个。抗性强，耐炭疽病、疫病，低温生长性良好，适于保护地栽培。

12. 小兰（图3-11）

小兰是由台湾农友种苗公司选育的杂交一代小型西瓜。该品种极早熟，全生育期80天左右，果实发育期25天左右。果实圆球形，果皮浅绿色，上覆青色窄条纹。果肉黄色晶亮，中心折光糖含量13%以上，中边糖梯度小，口感风味佳。果皮极薄，不耐储运。单瓜重1.5～2.0kg，亩产2000～3000kg。抗性好，适于日光温室特早熟栽培。

图3-10　黄小玉

图3-11　小兰

13. 金玉玲珑（图3-12）

该品种是由中国农业科学院郑州果树研究所选育的杂交一代小型西瓜。极早熟，全生育期85～90天，果实发育期26～28天。果实高圆形，外观周正，浅绿色果皮上覆深绿色齿状条带，中心折光糖含量11.0%～12.0%、果实边部含糖量9.0%，果肉橙黄色，剖面色泽匀、肉质细，口感好。果皮薄，耐裂，耐储运。抗逆性好，易坐果，单瓜重1.5～2.0kg，适于保护地栽培。

图3-12　金玉玲珑

14. 黄小帅（图 3-13）

该品种是由北京市农业技术推广站选育的杂交一代小型西瓜。田间生长势中等，果实发育期 32 天，主蔓第 8 ~ 9 节着生第 1 雌花，雌花间隔 4 ~ 5 节。易坐果，平均单瓜重 1.16kg，果实短椭圆形，果皮绿色上覆宽齿条纹，黄瓤，中心折光糖含量 10.10%，边部折光糖含量 8.80%，肉质细脆、多汁、纤维少、口感好，果皮厚 0.40cm，较脆，耐储运性中等。适于北京地区栽培。

15. 春兰（图 3-14）

春兰是由安徽省合肥丰乐种业瓜类研究所选育的杂交一代小型西瓜。该品种早熟，全生育期 80 ~ 85 天，果实发育期 27 天左右。果实圆形或高圆形，绿皮覆墨绿细齿条，外形美观。皮厚 0.5cm，较韧，耐储运。黄瓤质细，剖面均匀，脆嫩多汁，中心折光糖含量 12% 以上，中边糖梯度小，风味佳。平均单瓜重 2.5kg，亩产约 2300kg。植株长势稳健，主蔓第 6 节左右出现第 1 雌花，雌花间隔 5 ~ 7 节，极易坐果，较耐弱光、低温，适宜各地区保护地和露地栽培。

图 3-13 黄小帅

图 3-14 春兰

16. 早春佳玉

早春佳玉是由中国农业科学院郑州果树研究所选育的杂交一代早熟西瓜。早熟，果实发育期 23 天左右，果实高圆形，绿果皮上覆深绿色锯齿条带；果肉纯黄色，中心折光糖含量 12% 左右，中边糖梯度小，肉质细脆，口感好，果皮厚度 0.4cm 左右；平均单瓜重 2.5kg 左右。适于全国各地保护地栽培。

17. 黑美人（图 3-15）

该品种是由台湾农友种苗公司选育的杂交一代西瓜。早熟，春季种植全生育期 90 天左右，果实发育期 26 ~ 28 天。果实长椭圆形，墨绿皮上覆隐暗花条带。皮厚 0.8 ~ 1.0cm，极韧，耐储运。瓤色深红，质脆多汁，中心折光糖含量13%，中边糖梯度小。单瓜重 2.5kg 左右，亩产 2500kg 左右。适应性广。

18. 黑龄童（图 3-16）

黑龄童是由黑龙江省大庆市庆发种业有限责任公司选育的杂交一代西瓜。该品种特早熟，植株生长势中等，极易坐果，从雌花开放到果实成熟需 20 ~ 22 天。果实高圆形，黑色果皮上覆深黑色暗条纹，果皮薄且坚韧，果肉红色，中心折光糖含量 12% 以上，风味极佳，商品性状好。单瓜重 1.5 ~ 3.0kg。

图 3-15　黑美人

图 3-16　黑龄童

19. 金冠 1 号（图 3-17）

金冠 1 号是由中国农业科学院蔬菜花卉研究所选育的杂交一代小型西瓜。该品种早熟，夏季栽培全生育期为 80 ~ 85 天，果实发育期 25 ~ 28 天，保护地栽培果实发育期 32 ~ 35 天。果实高圆形至短椭圆形，果皮深黄金色，红瓤，质细脆爽，风味极佳。中边糖梯度小。皮薄且韧，耐储运。易坐果，单瓜重 2 ~ 3kg。植株生长势中等，叶柄、部分叶脉和幼果呈黄色。

20. 宝冠（图 3-18）

宝冠是由台湾农友种苗公司选育的杂交一代西瓜。该品种全生育期 70 ~ 80 天，果实高圆形，果皮金黄色，外形美观。单瓜重 2.5kg 左右，果肉红色，肉质细腻爽口，汁多味甜。皮极薄而韧，耐储运。易坐果，单株结瓜 4 个以上。耐炭疽病、病毒病、白粉病，适应性广。

图 3-17　金冠 1 号

图 3-18　宝冠

21. 华晶 3 号（图 3-19）

华晶 3 号是由洛阳市农发农业科技有限公司选育，系杂交一代小型西瓜。该品种早熟，全生育期 70 ~ 80 天，果实发育期 25 ~ 28 天。果实圆形，果皮黄色有深暗条带，果皮厚 0.8 ~ 1.0cm，韧性好，耐储运。瓜瓤红色，中心折光糖含量 12.5% 左右。苗期长势较弱，叶深缺刻，叶柄、叶脉、果柄、子房全为黄色。主蔓第 1 雌花着生节位第 5 ~ 7 节，雌花间隔 4 ~ 5 节。易坐果，单株结瓜 2 ~ 3 个。单瓜重 1.5kg，亩

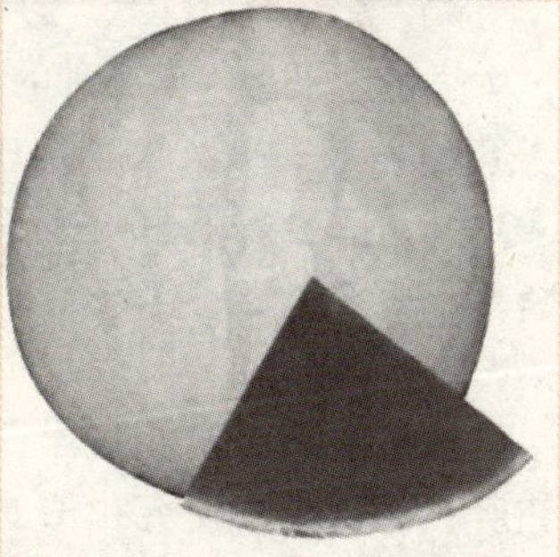

图 3-19　华晶 3 号

产量2000kg左右。抗病毒病、枯萎病，轻感炭疽病，耐肥水。

22. 潍科2号（图3-20）

该品种是由潍坊科技学院园艺科学与技术研究所选育的杂交一代西瓜。植株生长势中等，叶柄和叶脉黄色，易坐瓜。果实椭圆形，果皮浅黄，覆黄色齿条纹。果实发育期28天左右，中早熟。单瓜重2~3kg。果肉大红色，中心折光糖含量11.0%以上。肉质脆甜，无酸味。果皮厚1.0cm，皮韧耐裂。适于日光温室及大拱棚作为礼品西瓜栽培。

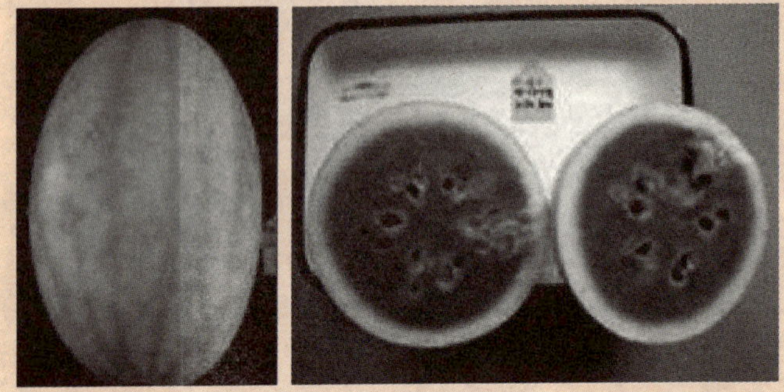

图3-20　潍科2号

第二节　中早熟中果型优良品种

中早熟中果型优良品种的共同特点：生育期短，一般为80~90天，容易坐果，果实大小适中，一般单瓜重4~6kg，果实发育期25~30天，适于普通家庭消费，株型紧凑，适于密植。

1. 早佳（84-24）（图3-21）

早佳是由新疆农业科学院园艺研究所和葡萄瓜果研究中心选育的杂交一代早熟西瓜。该品种早熟，从开花至成熟需28天左右。易坐果，果实圆形，果皮绿色覆墨绿色

图3-21　早佳（84-24）

齿纹，皮厚0.8～1.0cm。果肉粉红色，剖面均一，肉质松脆多汁，不易倒瓤。中心折光糖含量12.5%左右，风味佳。单瓜重4～5kg，亩产可达3000kg。表现为植株生长稳健，耐低温弱光，适于保护地早熟栽培。

2. 京欣2号（图3-22）

京欣2号是由北京农林科学研究院蔬菜研究中心选育的杂交一代中早熟西瓜。该品种全生育期90天左右，果实发育期28～30天。果实圆形，果皮绿色覆墨绿色条带，有蜡粉。红瓤，中心折光糖含量11%～12%，肉质脆嫩，风味佳。单瓜重5～7kg，亩产可达4500kg。高抗枯萎病，兼抗炭疽病，较耐低温弱光，适于保护地和露地早熟栽培。

3. 世纪春蜜（图3-23）

该品种是由中国农业科学院郑州果树研究所选育的杂交一代早熟西瓜。全生育期85天左右，果实发育期为25天左右。植株生长势中等偏弱，极易坐果，果实圆球形，果皮浅绿色覆深绿色特细条带。果肉红色，肉质酥脆细嫩，口感极好，中心折光糖含量12.5%左右，品质上等。平均单瓜重4kg左右，亩产3000～3500kg。适于小拱棚、大拱棚及地膜覆盖栽培。

图3-22　京欣2号

图3-23　世纪春蜜

4. 郑抗2号（图3-24）

该品种是由中国农业科学院郑州果树研究所选育的杂交一代早熟西瓜。全生育期85天左右，果实发育期为28天左右。果实椭圆形，果皮浅绿色、覆网状花纹，皮薄而韧，耐储运。第1雌花着生在主蔓第6~8节，雌花间隔4~6节。瓤大红，肉质脆沙，中心折光糖含量11%以上，品质佳，单瓜重5~6kg，亩产4000kg左右。植株生长势较强，分枝性中等，极易坐果，高抗枯萎病，耐重茬。

5. 郑抗6号（图3-25）

该品种是由中国农业科学院郑州果树研究所选育的杂交一代早熟西瓜。植株生长势中等，极易坐果，果实发育期约25天，果实膨大速度快；果实椭圆形，绿色果皮上覆墨绿色锯齿条带，瓤大红，肉质脆沙，中心折光糖含量12.5%以上，中边糖梯度小，口感风味好，品质极佳，平均单瓜重5~8kg，最大的12kg以上，平均亩产5000kg左右。皮薄而韧，耐储运，耐低温弱光，易栽培，适应性广，全国各地均可栽培。

图3-24 郑抗2号

图3-25 郑抗6号

6. 郑抗7号（图3-26）

该品种是由中国农业科学院郑州果树研究所选育的杂交一代早熟西瓜。植株生长势中等，极易坐果，果实发育期约24天，果实膨大速度快；果实椭圆形，翠绿色果皮上覆墨绿色锯齿条带，条带清晰，外形美观，瓤大红，肉质脆沙，中心折光糖含量12.5%以上，口感风味好，品质极佳，平均单瓜重6~8kg，最大的16kg以上，平均亩产5000kg左右。皮薄而韧，耐储运，耐低温弱光，易栽培，适应性广，全国各地均可栽培。

7. 中科6号（图3-27）

该品种是由中国农业科学院郑州果树研究所选育的杂交一代早熟西瓜。植株生长势中等，极易坐果，果实发育期约28天；果实圆形，绿色果皮上覆墨绿色中细锯齿条带，条带整齐清晰，有果粉，外观靓丽，瓤大红，肉质酥脆、汁多，口感风味特好，中心折光糖含量12.5%以上，品质特好，平均单瓜重6～8kg，大果可达12kg以上，平均亩产5000kg以上。耐裂性好，耐储运，高抗枯萎病，耐低温弱光能力强，适应性广，适于全国各地保护地早熟栽培。

图3-26　郑抗7号

图3-27　中科6号

8. 翠丽（图3-28）

翠丽是由中国农业科学院郑州果树研究所选育的杂交一代早熟西瓜。该品种植株生长势中等，极易坐果，果实发育期约30天；果实圆形，绿色果皮上覆墨绿色细锯齿条带，表面光滑，有果粉，外形美观，瓤大红，肉质酥脆、汁多，口感风味特好，中心折光糖含量12.5%以上，品质好，平均单瓜重5～7kg，大果可达12kg以上，平

图3-28　翠丽

均亩产5000kg左右。耐裂性强，耐储运，适应性广，适于全国各地保护地早熟栽培。

9. 品冠（图3-29）

品冠是由中国农业科学院郑州果树研究所选育的杂交一代早熟西瓜。该品种坐果早而稳，果实发育期27天左右；果实高圆形，绿色果皮上覆深绿色细条带，外形美观；皮极薄，不裂果，果肉红色，中心折光糖含量13%左右，水分足，口感极好，品质极佳；平均单瓜重4kg左右；在南方地区可作为早佳（84-24）的替代品种，但比早佳（84-24）皮色深，外观更美，在北方地区可作为城郊和采摘园的首选高品质中果型品种。

10. 丰乐玉玲珑（图3-30）

该品种是由合肥丰乐种业股份有限公司所选育的杂交一代早熟西瓜。全生育期89天左右，果实发育期30天。植株生长势稳健，易坐果。果实圆球形，绿皮底上覆墨绿色锯齿条带，瓤红色，中心折光糖含量11.9%左右，平均单瓜重5~6kg，亩产4000kg以上。适宜在浙江、江苏、河北、河南、江西等省及相同生态区栽培。

图3-29 品冠

图3-30 丰乐玉玲珑

11. 丰乐5号

该品种是由合肥丰乐种业股份有限公司所选育的杂交一代中早熟西瓜。全生育期90天左右，果实发育期30天左右。果实椭圆形，果皮浅黑色覆墨绿色宽条带，有蜡粉。瓤红色，瓤质细脆汁多，中心折光糖含量12%左右，口感风味极佳。果皮厚1.0cm，不裂果，耐储运。单瓜重7~8kg，亩产量4000kg以上。植株长势中等，分枝性强，高抗枯萎病，兼抗炭疽病，耐肥水。

12. 爱耶1号

该品种是由山西北方种业有限公司和天津市园艺工程研究所选育的杂交一代中早熟西瓜。全生育期80~90天，果实发育期28~30天。果实圆形，果皮绿色覆深绿色条带。果皮坚韧，抗裂果，耐储运。瓜瓤鲜红色，质地细脆多汁，中心折光糖含量12.5%左右，边糖含量10.0%左右，中边糖梯度小。果实大小适度，单瓜重5~6kg，亩产量4000kg以上。植株生长健壮，第1雌花着生在第5~6节位，易坐果。田间表现抗枯萎病、蔓枯病、炭疽病，表现出较强的抗逆性。

13. 潍科1号（图3-31）

该品种是由潍坊科技学院园艺科学与技术研究所选育的杂交一代西瓜。其植株生长势中等，叶片上冲，株型较紧凑，易坐果。果实椭圆形，果皮绿色、覆墨绿色齿条纹。果实发育期32天左右，中早熟。单瓜重4~5kg，果皮厚1.2cm左右。果肉大红色，中心折光糖含量12.0%。肉质沙甜，无酸味。果皮薄韧，不易裂瓜，耐储运。适于日光温室及大拱棚栽培。

图3-31 潍科1号

第三节 中晚熟大果型品种

中晚熟大果型品种植株长势强，生育期较长，一般为90~100

天，果实发育期需 30～40 天。果型较大，成熟晚，一般适合露地覆膜栽培。其代表品种如下。

1. 西农 8 号（图 3-32）

西农 8 号是由西北农林科技大学园艺学院选育的杂交一代中晚熟西瓜。该品种全生育期 100 天，从开花到果实成熟需 35～38 天。第 1 雌花出现在主蔓第 7～8 节，雌花间隔 3～5 节，易坐果。果实椭圆形，果皮浅绿色覆深绿色条带。瓜瓤红色，质脆多汁，中心折光糖含量 11%～13%，口感好。瓜皮厚 1.2cm，耐储运。单瓜重 8kg，亩产量 4500～5000kg。植株长势较旺，抗枯萎病和炭疽病，适应性广。

2. 郑抗 10 号（图 3-33）

郑抗 10 号是由中国农业科学院郑州果树研究所选育的杂交一代中熟西瓜。该品种植株生长势强，易坐果，果实发育期约 30 天；果实椭圆形，绿色果皮上覆墨绿色锯齿条带，瓤大红，肉质脆沙，中心折光糖含量 12% 以上，品质佳，平均单瓜重 8～12kg，大果可达 15kg 以上，平均亩产 6000kg 以上。皮薄而韧，耐储运，高抗枯萎病，适应性广。

图 3-32　西农 8 号

图 3-33　郑抗 10 号

3. 特大新抗 9 号（图 3-34）

该品种是由中国农业科学院郑州果树研究所选育的杂交一代中熟西瓜。植株生长势强，易坐果，果实发育期约 32 天；果实椭圆形，果皮纯黑色，瓤大红，肉质脆沙，中心折光糖含量12%以上，品质好，平均单瓜重8～12kg，大果可达15kg以上，平均亩产6000kg以上。果皮坚韧，极耐储运，高抗枯萎病，兼抗病毒病，适应性广，尤其适于黄淮海地区沙质壤土栽培。

4. 丰抗8号（图3-35）

丰抗8号是由合肥丰乐种业股份有限公司选育的杂交一代中晚熟西瓜。该品种全生育期110天，从开花到果实成熟需35天左右。果实椭圆形，果皮浅绿色覆深绿色条带。瓜瓤红色，质脆多汁，纤维中等，中心折光糖含量12%，口感好。瓜皮厚1.1cm，耐储运。单瓜重7～8kg，亩产量4000kg以上。植株长势强，分枝性强，抗枯萎病和炭疽病，适应性广。

图3-34 特大新抗9号

图3-35 丰抗8号

5. 开杂15号

开杂15号是由河南省开封市农林科学研究院育成的大果、抗病、黑皮、耐储运、高产、中熟一代杂交种。该品种全生育期105天，从雌花开放到果实成熟需33天。果实椭圆形，果皮墨绿色、坚韧。瓤红色、质脆，风味纯正。中心折光糖含量11.5%，坐果性好，平均单瓜重8～10kg。适宜华北地区种植。

6. 庆发黑马

庆发黑马是由黑龙江省大庆市庆农西瓜研究所选育的杂交一代

中熟西瓜。该品种全生育期115天，果实发育期35天左右。果实椭圆形，果皮墨绿色。瓜瓤红色，质脆多汁，中心折光糖含量12%以上，口感好。皮薄而韧，耐储运。单瓜重8～10kg，亩产量6000kg以上。植株长势强，抗病性强，适应性广。

第四节　无籽西瓜品种

1. 京玲（图3-36）

京玲是由北京农林科学院蔬菜研究中心选育的杂交一代小果型无籽西瓜。该品种早熟，果实发育期26天左右，全生育期85天左右。果实圆形，果皮绿色覆盖墨绿色条纹，果实周正美观。植株生长势中等，易坐果，耐裂，无籽性能好。果实剖面均一，不易空心，无白筋等；果肉红色，口感脆爽，风味佳；中心折光糖含量12%～13%，中边糖梯度小，皮薄。单瓜重2～2.5kg，每株可结瓜2～3个。适于保护地或搭架早熟栽培。

2. 墨童（图3-37）

墨童是由寿光先正达种子有限公司选育的杂交一代小型无籽西瓜。该品种早熟，果实发育期35天左右。植株生长势强，第1雌花着生节位第7～10节，雌花间隔5～6节。果实高圆形，果皮墨绿色覆细网纹，表面有蜡粉。果皮厚度0.74cm，皮韧，耐运输。瓤红色，中心折光糖含量10.6%，纤维少，无籽性好。平均单瓜重1.94kg，商品果实率96%，亩产量3000kg以上。

图3-36　京玲

图3-37　墨童

3. 帅童（图3-38）

帅童是由寿光先正达种子有限公司选育的杂交一代小型无籽西瓜。该品种早熟，果实发育期36天左右。植株生长势强，第1雌花着生节位第8节左右。果实高圆形，果皮绿色覆齿条带，有蜡粉，果皮厚0.7cm，皮韧耐裂。果肉红色，无或少有着色秕籽，白色秕籽少且小，中心折光糖含量11.8%，边糖含量9.2%，口感好。单瓜重1.8kg，果实商品率96.0%，亩产量3000kg以上。枯萎病苗期室内接种鉴定结果为感病。

4. 蜜童（图3-39）

蜜童是由寿光先正达种子有限公司选育的杂交一代早熟小型无籽西瓜。该品种全生育期95天左右，从雌花开放到果实成熟需30天左右。植株生长势中等。第1雌花着生于主蔓第7~10节，雌花间隔5~6节。果实高圆形，果皮绿色、上覆深绿色细条带，果皮厚0.79cm。瓤红色，中心折光糖含量12.0%，白秕籽、粗纤维较少，品质较优。单瓜重2.36kg，亩产2500kg左右。果实可食率63%，耐湿性较强，抗病性较好。

图3-38　帅童

图3-39　蜜童

5. 雪峰小玉红无籽（图3-40）

该品种是由湖南省瓜类研究所选育的杂交一代小果型无籽西瓜。早熟，全生育期88~89天，果实发育期28~29天。果实高圆形，果皮绿色上有深绿色虎纹状细条带，外形美观，果皮厚度0.6cm，较耐储运。果肉鲜红一致，无黄筋硬块，纤维少，无着色秕籽，白色秕籽少而小，果实汁多味甜，中心折光糖含量 12.5%，口感风味极佳。单瓜重 2.5kg，单产一般为 2500～2700kg/亩。生长势强、耐病、抗逆性强，易坐果，适于保护地和露地栽培。

图 3-40　雪峰小玉红无籽

第四章
西瓜棚室栽培常用设施的设计与建造

西瓜保护地栽培的常用设施有小拱棚、塑料大棚（彩图1）和日光温室（彩图2）。本章以昌乐和寿光常用西瓜棚室栽培设施为例，分别介绍不同棚室的设计与建造方法。

一 小拱棚的设计与建造

小拱棚的跨度一般为1～3m，高为0.5～1m。其结构简单，造价低，一般多用轻型材料建成。骨架可由细竹竿、毛竹片、荆条、直径为6～8mm的钢筋等材料弯曲而成。

1. 小拱棚的主要类型

包括拱圆小棚、拱圆棚加风障、半墙拱圆棚和单斜面棚（图4-1）。生产上应用较多的是拱圆小棚。

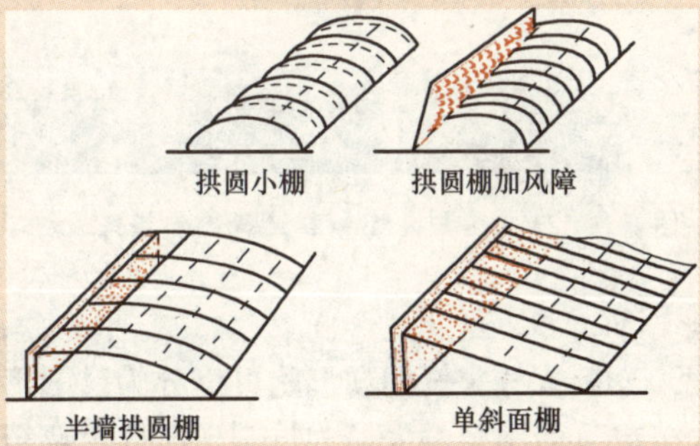

图4-1　小拱棚的类型

2. 小拱棚的结构与建造

西瓜栽培小拱棚棚架为半圆形，高为 0.8 ~ 1m，宽为 1.2 ~ 1.5m，长度因地而定。地面覆盖地膜，骨架用细竹竿按棚的宽度将两头插入地下形成圆拱，拱杆间距 30cm 左右。全部拱杆插完后，绑 3 ~ 4 道横拉杆，使骨架成为一个牢固的整体，如图 4-2 所示。覆盖薄膜后可在棚顶中央留一条放风口，采用扒缝放风。为了加强防寒保温，棚的北面可加设风障，棚面上于夜间再加盖草苫。

图 4-2　塑料小拱棚

二　塑料大棚的设计与建造

1. 西瓜生产用塑料大棚

主要包括竹木结构大棚和热镀锌钢管拱架大棚（图 4-3）。

图 4-3　竹木结构大棚和热镀锌钢管拱架大棚

2. 塑料大棚的类型、结构及建造

（1）类型　塑料大棚，按棚顶形状可以分为拱圆形和屋脊形两种，我国绝大多数生产用塑料大棚为拱圆形；按骨架结构则可分为竹木结构、水泥预制竹木混合结构、钢架结构、钢竹混合结构等，前两种一般为有立柱大棚；按连接方式又可分为单栋大棚和连栋大棚两种（图 4-4）。

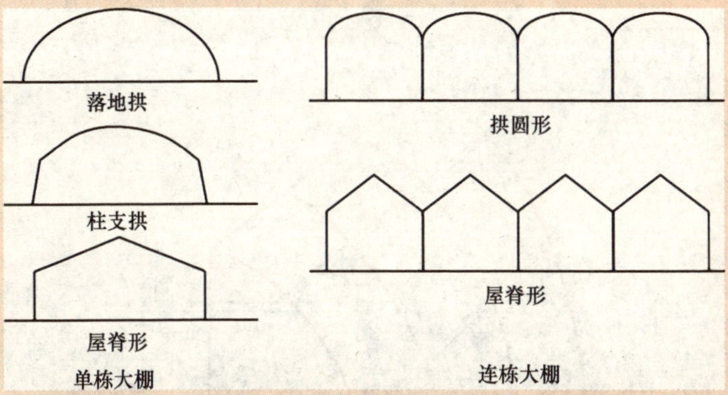

图 4-4　塑料大棚的类型

（2）结构　大棚棚型结构的设计、选择和建造，应把握以下 3 个方面。

1）棚型结构合理，造价低；结构简单，易建造，便于栽培和管理。

2）跨度与高度要适当。大棚的跨度主要由建棚材料和高度决定，一般为 8～12m。大棚的高度（棚顶高）与跨度的比例应不小于 0.25。竹木结构和钢架结构拱圆大棚结构图，如图 4-5、图 4-6、图 4-7所示。

【提示】　实际生产中塑料大棚的跨度和长度应根据当地生产习惯和管理经验具体确定，如寿光的竹木结构塑料大棚跨度和长度分别可达 16m 和 300m 以上，双连栋大棚跨度可在 20m 以上。

3）设计适宜的跨拱比。性能较好棚型的跨拱比为 8～10［跨拱比 = 跨度/(顶高 - 肩高)］。以跨度 12m 为例，适宜顶高为 3m，肩高不低于 1.5m，不高于 1.8m。

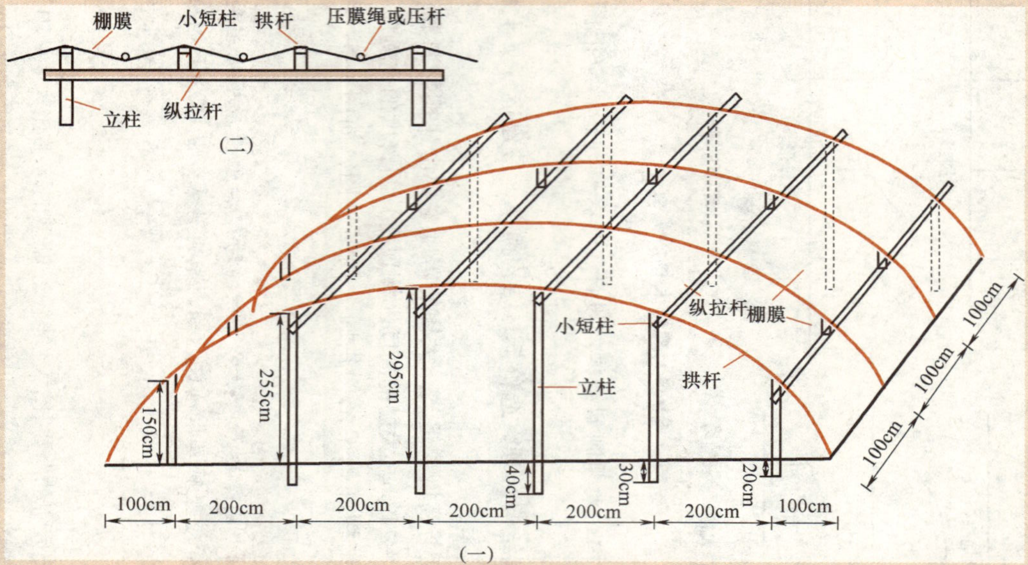

图 4-5 竹木结构拱圆形大棚

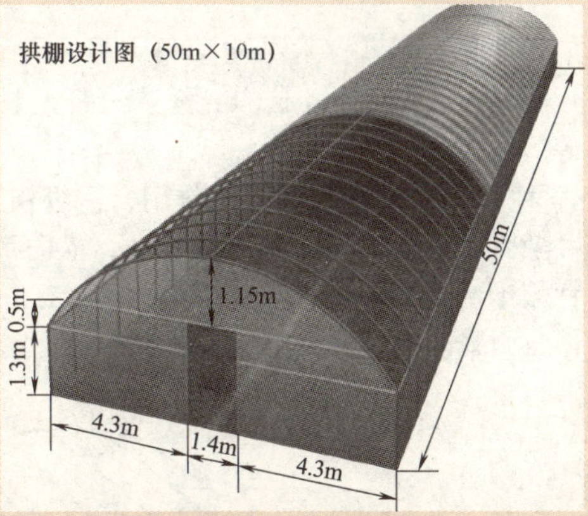

图 4-6　钢架结构拱圆形大棚示意图

图 4-7　寿光和昌乐地区典型西瓜塑料大棚

（3）建造

1）竹木结构塑料大棚。竹木结构塑料大棚主要由立柱、拱杆（拱架）、拉杆、压膜绳等部件组成，俗称“三杆一柱”。此外，还有棚膜和地锚等。

① 立柱。立柱起支撑拱杆和棚面的作用，呈纵横直线排列。纵向与拱杆间距一致，每隔0.8～1m设一根立柱，横向每隔2m左右设一根立柱。立柱粗度为5～8cm，高度一般为2.4～2.8m，中间最高，向两侧逐渐变矮呈自然拱形（图4-8、图4-9）。

图4-8　竹木结构大棚示意图

图4-9　立柱安排及实例

② 拱杆。拱杆是塑料大棚的骨架，决定大棚的形状和空间构成，并起支撑棚膜的作用。拱杆可用直径为3～4cm的竹竿按照大棚跨度

要求连接构成。拱杆两端插入地下或捆绑于两端立柱之上。拱杆其余部分横向固定于立柱顶端，呈拱形（图 4-10）。

图 4-10　拱杆实例图

③ 拉杆。拉杆起纵向连接拱杆和立柱，固定压杆的作用，使大棚骨架成为一个整体。拉杆一般为直径 3 ~ 4cm 的竹竿，长度与棚体长度一致（图 4-11）。

图 4-11　拉杆实例图

④ 压杆。压杆位于棚膜上两根拱架中间，起压平、压实、绷紧棚膜的作用。压杆两端用铁丝与地锚相连，固定于大棚两侧土壤。压杆以细竹竿为材料，也可以用 8 号铁丝或尼龙绳代替，拉紧后两端固定于事先埋好的地锚上（图 4-12）。

图 4-12　压杆、压膜铁丝和地锚

⑤ 棚膜。棚膜可以选用 0.1～0.12mm 厚的聚氯乙烯（PVC）或聚乙烯（PE）薄膜及 0.08mm 厚的醋酸乙烯（EVA）薄膜、聚烯烃薄膜（PO 膜）等。当棚膜宽幅不足时，可用电熨斗加热粘连。若大棚宽度小于 10m，可采用“三大块两条缝”的扣膜方法，即三块棚膜相互搭接（重叠处宽大于 20cm，棚膜边缘烙成筒状，内可穿绳），两处接缝位于棚两侧距地面约 1m 处，可作为放风口扒缝放风。如果大棚宽度大于 10m，则需采用“四大块三条缝”的扣膜方法，除两侧封口外顶部一般也需要设通风口（图 4-13）。

图 4-13　简易大棚两侧和顶部通风口

两端棚膜的固定可直接在棚两端拱杆处垂直将薄膜埋于地下，中间部分用细竹竿固定。中间棚膜用压杆或压膜绳固定(图4-14)。

⑥ 大棚建造时可在两端中间两立柱之间安装两个简易推拉门。当外界气温低时，在门外另附两块薄膜相搭连，以防门缝隙进风（图4-15）。

图4-14　两端及中间棚膜的固定

图4-15　两端开门及外附防风薄膜

【提示】 大棚扣塑料薄膜应选择在无风晴天上午进行。先扣两侧下部膜，拉紧、理平，然后将顶膜压在下部膜上，重叠20cm以上，以便雨后顺水。

寿光等地蔬菜生产中采用的上述简易竹木结构塑料大棚，具有造价便宜、易学易建、技术成熟、便于操作管理等优点，因而得到了广泛推广和应用。因此，农民朋友在选择大棚设施时不可盲目追求高档，而应就地采用价廉耐用材料，以降低成本、增加产出。

2）钢架结构塑料大棚。钢架结构塑料大棚的骨架是用钢筋或钢管焊接而成的。其拱架结构一般可分为单梁拱架、双梁平面拱架和三角形拱架三种，前两种生产上较为常见。单梁拱架一般以 $\phi12$ ~ 18mm 圆钢或金属管材为材料；双梁平面拱架由上弦、下弦及中间的腹杆连成桁架结构；三角形拱架则由三根钢筋和腹杆连成桁架结构，如图 4-16、图 4-17 所示。

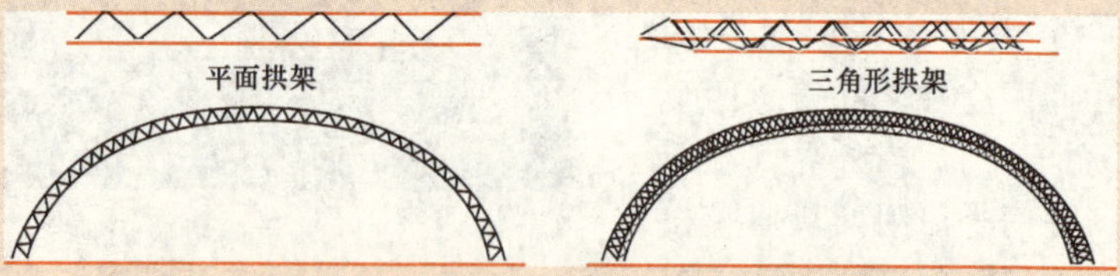

图 4-16　钢架单栋大棚桁架结构示意图

图 4-17　钢架大棚桁架结构

通常大棚跨度为 10 ~ 12m，脊高为 2.5 ~ 3.0m。每隔 1.0 ~ 1.2m 埋设一拱形桁架，桁架上弦用 $\phi14$ ~ 16mm 钢管、下弦用 $\phi12$ ~ 14mm 钢筋、中间用 $\phi10$mm 或 8mm 钢筋作腹杆连接。拱架纵向每隔 2m 以 $\phi12$ ~ 14mm 钢筋拉杆相连，拉杆焊接于平面桁架下弦，将拱架连为一体（图 4-18）。

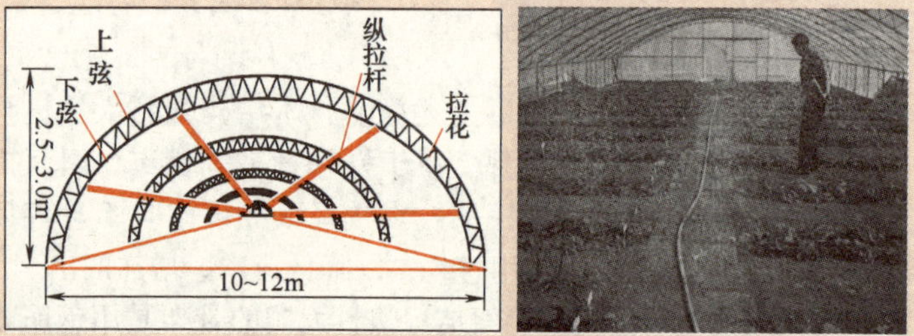

图 4-18　钢梁桁架无立柱大棚

钢架结构大棚采用压膜卡槽和卡膜弹簧固定薄膜，两侧扒缝通风。具有中间无立柱、透光性好、空间大、坚固耐用等优点，但一次性投资较大。跨度10m、长50m的钢架结构塑料大棚材料及预算，见表4-1。

表4-1　跨度10m、长50m钢架结构塑料大棚材料及预算

项　　目	材　　料	数量或规格	总价/元
拱架	32mm热镀锌无缝钢管	1822.3kg	10022.6
横向拉杆	32mm热镀锌无缝钢管	692kg	3806
水泥固定座		3.69m^3	1107
薄膜	无滴膜	700m^2	2100
推拉门		2个	500
压膜绳		4股320丝塑料绳或直径为4mm、每千克长度约74m规格的塑料绳	540
卡槽		180m	500
卡子		200个	100
合计			18975.6

三　日光温室的设计与建造

目前北方西瓜生产用日光温室多以寿光V型日光温室（图4-19）为范本建造，其结构主要由后墙和山墙、后屋面、前屋面和保温覆盖物四部分组成。温室东西方向，坐北朝南，偏西5°~10°。根据温室拱架和墙体结构不同一般可分为土墙竹木结构温室和钢拱架结构温室。

1. 土墙竹木结构温室

该型温室是目前我国北方生产应用最广泛的温室，其不仅造价低廉，而且土建墙体的蓄热和保温效果良好，栽培效果较佳。典型的寿光土墙竹木结构温室如图4-20所示。

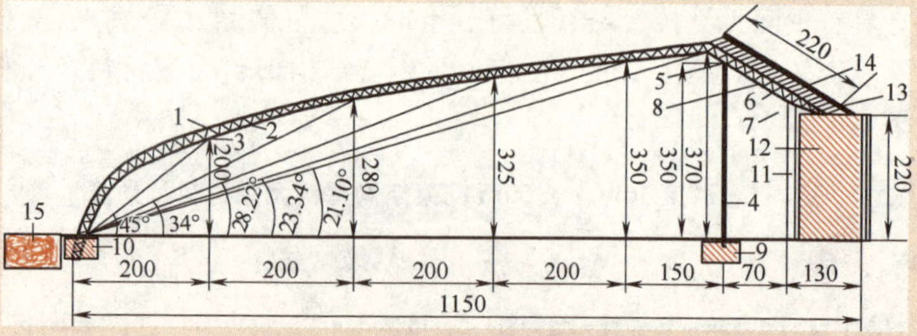

图 4-19　寿光V型塑料日光温室示意图（单位：cm）

1—拱梁上弦钢管　2—拱梁下弦钢筋　3—拱梁拉花钢筋　4—镀锌钢管后立柱　5—钢管横梁　6—后坡铁架东、西拉三角铁　7—后坡铁架连接后立柱的三角铁板　8—后坡铁架坡向三角铁板　9—固定后立柱的水泥石墩　10—固立拱梁的水泥石墩　11—后墙砖皮泥皮　12—后墙心土　13—后坡水泥预制板　14—后坡保温层　15—防寒沟

图 4-20　寿光土墙竹木结构温室

（1）墙体　确定好建造地块后，用挖掘机就地挖土，堆成温室后墙和山墙，后墙底部宽度应在 3m 以上，顶部超过 2m。堆土过程中用推土机或挖掘机将墙体碾实，碾实后墙体高度根据跨度不同一般为 3.5～4.0m。墙体堆好后，用挖掘机将墙体内侧切削平整，并将表土回填。同时在一侧山墙开挖通道（图 4-21）。

图 4-21　墙体与通道

【提示】 挖土堆墙以前，可先将20cm 表土（属熟土）挖出置于温室南侧，待墙体建成后回填，有助于蔬菜栽培。并应注意前、后温室之间的间距，冬季前温室不能遮挡后温室蔬菜，间距以前温室高度（含草苫）的 2 倍为宜。

（2）后屋面　在后墙上方建造后屋面，后屋面内侧长度一般为1.5m 左右，与水平角度为38°～45°。在北纬 32°～43°地区，纬度越低后屋面角度可适当加大，反之角度减小。紧贴后墙埋设水泥立柱，用水泥立柱顶住后屋面椽头，之间以铁丝绑扎（图 4-22）。

【提示】 后屋面高度数值与跨度相关，一般跨度与高度比以 2.2 为宜。

图 4-22　后屋面立柱

(3) 前屋面　竹木结构土建温室的跨度一般为 10～12m，根据跨度大小前屋面埋设 3～4 排水泥立柱，立柱间隔为 4m 左右，立柱顶端与竹竿相连，起支撑棚面的作用。同时，在竹拱杆的上方每隔 20cm 东、西向拉 8 号铁丝锚定于两侧山墙。拉东西向铁丝的主要作用是使棚面更加平整，同时便于棚上除雪等农事操作（图 4-23）。

图 4-23　温室前屋面

(4) 薄膜、保温被与放风口　温室透明覆盖材料多采用保温、防雾滴、防尘、抗老化和透光衰减慢的乙烯—醋酸乙烯多功能复合膜（EVA 膜）或聚烯烃薄膜（PO 膜）；近年来，不透明保温材料由草苫等向保温性能更好的针刺毡保温被或发泡塑料保温被等方向发展（图 4-24）。

图 4-24　普通保温被和发泡塑料保温被

【注意】　前屋面角度是指温室前屋面底部与地面夹角，在一定范围内，增大前屋面角可增加温室透光率。一般而言，北纬 32°地区前屋面角（屋脊至透明屋面与地面交角处的连线）应在 20.5°以上；北纬 43°地区前屋面角应在 31.5°以上。前屋面底角地面处的切线角度应为 60°～68°。

此外，日光温室建设中还应考虑适宜的前后坡比和保温比。前后坡比是指前坡和后坡垂直投影宽度的比例，一般以 4.5∶1 为宜。保温比为温室内土地面积与前屋面面积之比，一般以 1∶1 为宜，保温比越大，保温效果越好。

温室顶部留放风口。风口设置可通过后屋面前窄幅薄膜与前屋面大幅薄膜搭连，两幅薄膜搭连边缘穿绳，由滑轮吊绳开关风口（图 4-25）。

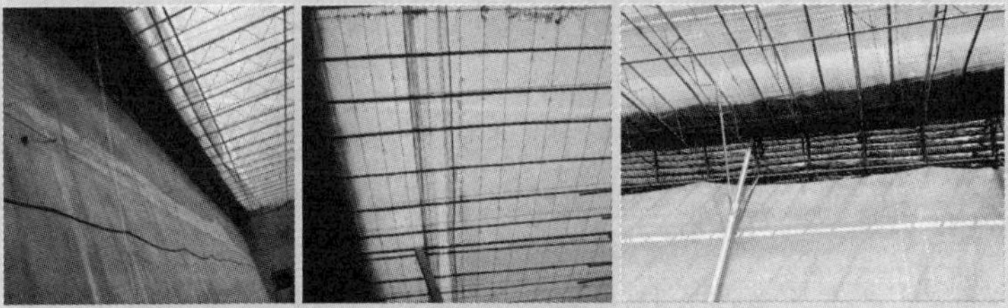

图 4-25　放风口

(5) 电动卷帘机 因其结构简单耐用，价格适中，可以大大降低劳动强度等优点而受到种植户的欢迎。寿光应用较多的折臂式卷帘机主要包括支架、卷臂、机头等部件（图4-26）。

图4-26 电动卷帘机

(6) 其他辅助设施 温室的辅助设施主要包括山墙外缓冲间、温室沼气设备和光伏太阳能设备等。为防止冷风直接进入通道，也有利于存放生产资料，可以在一侧山墙外建缓冲间（图4-27）。

图4-27 缓冲杂物间

为充分利用秸秆等蔬菜垃圾，积极发展循环农业，有条件的地区可在温室内建造沼气设备。沼液、沼渣可作为有机肥还田，沼气可作为沼气灯燃料用于蔬菜补光。高档温室沼气设备如图 4-28 所示，普通温室用沼气罐和沼气灯如图 4-29 所示。

图 4-28　温室沼气设备

图 4-29　普通温室用沼气罐和沼气灯

此外，棚室蔬菜滴灌技术、二氧化碳施肥技术等新技术在部分地区得到了推广应用。二氧化碳发生器如图 4-30 所示。

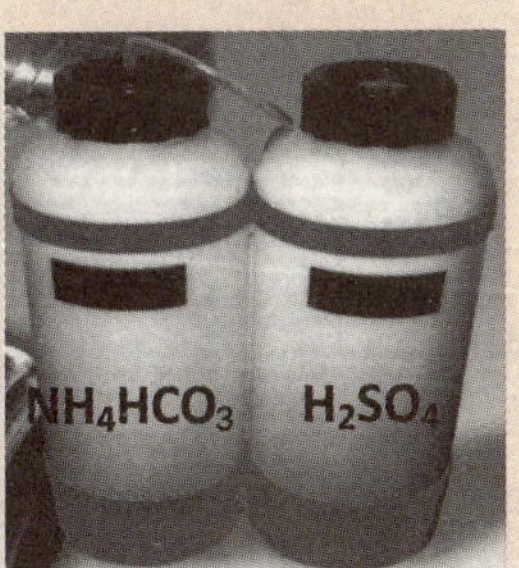

图 4-30　二氧化碳发生器

在规模化经营的现代农业公司提倡应用光伏能源转化发电，产生的清洁能源可广泛应用于温室蔬菜补光、加温等（图4-31）。

图4-31　温室光伏太阳能设备

【提示】对于温室栽培新技术的引进和应用，务必坚持先引进示范然后再行推广的原则，不可盲目迷信新技术，以免达不到预期效果，造成生产投入的浪费。

2. 钢拱架结构温室

该型温室具有双弦钢管或钢筋拱架，双层砖砌墙体，这种墙体可以克服土建温室内侧土墙因湿度大易发生倒塌以及外墙易遭雨水冲刷等缺点，因而坚固耐用。其缺点是造价较高，因而不提倡一般个体种植业者采用。

同时，钢拱架由于曲度和支撑力均远高于竹竿，因此这种温室在保证前屋面更为合理的采光角度的同时，也提高了温室前部的高度，使温室内南边蔬菜的生长空间得以改善（图4-32）。

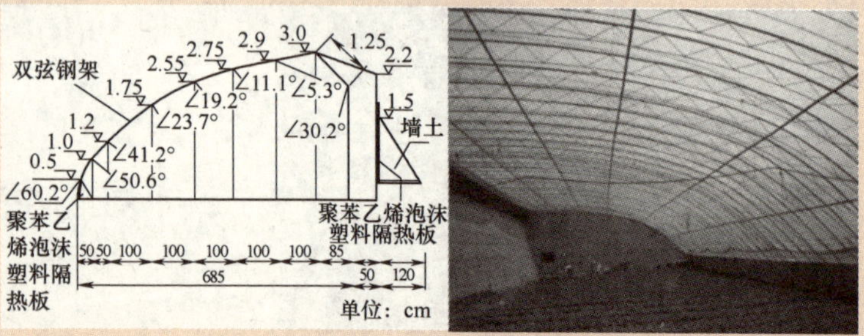

图4-32　钢拱架温室

(1) 墙体 墙体建造有两种方法。一种是先砌两层24cm（一层砖厚12cm）厚砖墙，墙体间距1.5m左右，每隔2.8m左右加一道拉接墙将两层砖拉在一起，以防墙体填土撑开。为提高墙体整体承重，还需在墙体下部加设圈梁。在两层墙之间填土或保温材料，墙体顶部以砖砌平，水泥固化，应注意后墙顶部外侧高度应低于放拱架处高度，以免雨水从顶部渗入温室内部。另一种方法是和土建温室一样先堆土墙，然后在墙体内墙贴水泥泡沫砖，墙面抹水泥面出光，外墙则以水泥板覆盖，水泥抹缝。为节约成本，外墙体也可用废旧保温被或农膜覆盖（图4-33）。

图4-33 温室内、外墙体

【小窍门】>>>>

北方地区温室后墙体和山墙厚度以保持在2m以上为宜，如果砖砌墙体厚度小于1m，则后墙蓄热和保温效果很难满足北方越冬茬茄果类和瓜类蔬菜生产。

(2) 拱架 温室采用双弦钢拱架，即将钢管（ϕ32mm）和钢筋（ϕ13mm）用短钢筋连接在一起。根据温室跨度不同，一般每隔1.0~1.5m设置一个拱架。拱架之间每隔3m左右以东西向钢管连接。拱架上方每隔30cm左右东西向横拉8号铁丝锚定于东、西山墙。

拱架上部放于后墙顶部水泥基座，拱架后部弯曲要保证后屋面有足够大的仰角，以便于阳光入射屋面内侧，蓄积热量。拱架下端固定于温室前沿砖混结构的基座上（图4-34）。

图 4-34 拱架上端和下端固定

（3）后屋面 温室顶部以一道钢管或角铁将拱架顶部焊接在一起，以保证后屋面的坚固性。后屋面建筑材料多为石棉瓦、薄膜、毛毯包被玉米秸等。外面覆盖水泥板，水泥板间预设绑缚压膜绳用的铁环，用水泥砂浆抹面，以防进水（图 4-35）。

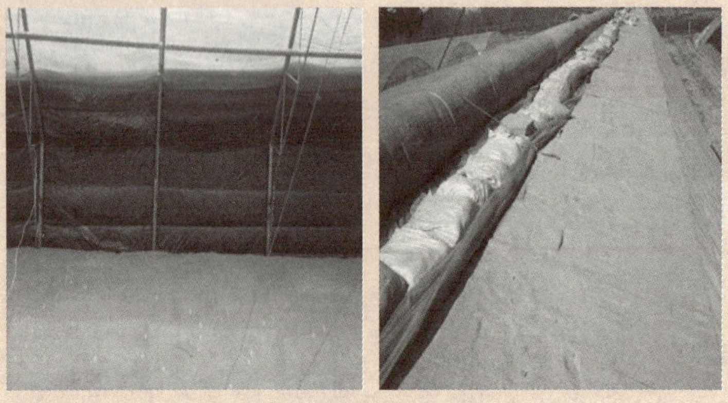

图 4-35 后屋面内、外侧图

（4）其他设施 温室山墙外可设置台阶，以便上、下温室进行生产作业（图 4-36）。

图 4-36　台阶

第五章 西瓜育苗技术

蔬菜的育苗技术主要包括常规育苗技术、穴盘基质育苗技术和嫁接育苗技术三类。近年来随着设施蔬菜栽培技术的发展进步，穴盘基质育苗结合部分蔬菜的嫁接技术已取代常规育苗成为主流，该技术有效提升了种苗的生产效率，保障了种苗质量和供苗时间，并可节约种量1/2以上。种苗定植后易成活、缓苗快，从而使种苗标准化、集约化、工厂化生产成为可能。以下介绍西瓜的常规育苗技术、穴盘基质育苗技术和嫁接育苗技术。

棚室蔬菜生产因茬口不同需采用的设施和栽培模式显著不同，常见蔬菜作物保护地栽培茬口安排见表5-1。棚室西瓜栽培茬口主要为秋延迟茬、冬春茬、秋冬茬和越夏茬栽培。本章主要介绍管理难度较大的冬春茬和秋延迟茬西瓜育苗技术。

表5-1　常见蔬菜作物保护地栽培茬口安排

茬口	温室、大棚类型	育苗时间	定植时间	适宜蔬菜
秋冬茬	日光温室、单坡面大棚、中拱棚	8月中旬遮阴棚育苗	9月中旬定植，初冬或新年供应市场，2月上中旬拔秧	番茄、黄瓜、西瓜、甜瓜、西葫芦、花椰菜、韭菜等
越冬茬	日光温室	8月下旬~9月上旬播种育苗	10月中、下旬定植，12月下旬~第二年1月上旬采收，5~6月拔秧	番茄、黄瓜、茄子、甜（辣）椒、丝瓜、苦瓜等

（续）

茬　口	温室、大棚类型	育苗时间	定植时间	适宜蔬菜
冬春茬	单坡面大棚、拱圆大棚、部分日光温室、中拱棚	12月中下旬播种育苗	2月下旬～3月上旬定植，4月下旬～5月上旬采收，7月上旬拔秧	厚皮甜瓜、西葫芦、番茄、甜（辣）椒、菜豆等
秋延迟茬	阳畦、小拱棚、部分中拱棚	7月中下旬播种育苗	8月中下旬定植，12月上旬拔秧	番茄、西瓜、甜瓜、甜（辣）椒、西葫芦、芹菜、花椰菜等
早春茬	阳畦、小拱棚、部分中拱棚	1月下旬～2月上旬播种育苗	2月下旬～3月上旬定植，6月底拔秧	番茄、黄瓜、西瓜、甜瓜、茄子、甜（辣）椒、西葫芦、菜豆等

第一节　西瓜常规育苗管理技术

西瓜常规育苗技术（苗床和营养钵育苗）主要包括营养土块育苗技术和营养钵育苗技术。生产上常用苗床有冷床（阳畦）、酿热温床、电热温床和火炕温床等。棚室西瓜产区低温季节育苗多在塑料大棚或日光温室中建造酿热温床和电热温床育苗，以电热温床育苗较为常见。

一　冬春茬西瓜育苗管理技术

1. 苗床建造

（1）酿热温床建造　温床因其在地平面位置不同可分为地上温床、地下温床和半地下温床，生产上以半地下温床较为常用（图5-1）。先在小拱棚、塑料大棚或日光温室中挖深床坑，床宽为1.5～2.0m，床深为0.3～0.4m，长度依需而定。床底部应做成南深北浅，中间凸起，呈弧形，以温床不同部位酿热物厚度不同调节整床土温一致。

播前10天左右，先在床底均匀垫铺4～5cm厚的碎草或麦秸并踏实，以利于隔热和通气，其上每平方米撒生石灰0.4～0.5kg消毒。

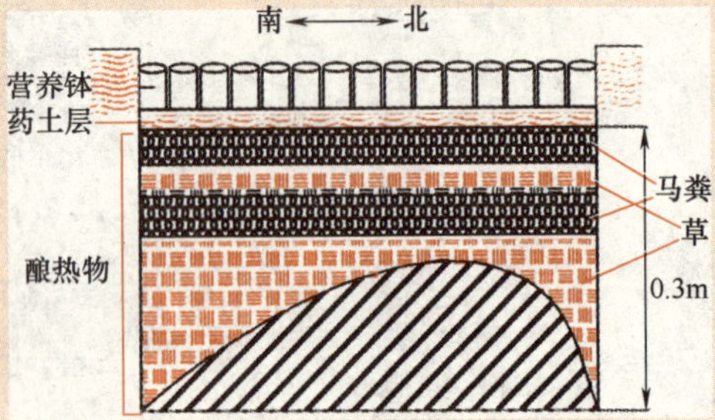

图5-1 半地下式酿热温床示意图

酿热物一般由新鲜马粪、新鲜厩肥或饼肥（60%～70%）和作物秸秆（30%～40%）组成，以人粪尿湿润并搅拌酿热物，使其保持含水量70%左右，碳氮比以（20～30）∶1为宜。常见酿热物的碳氮含量及碳氮比，见表5-2。酿热材料在播前7～10天填床，填充厚度为30～35cm。分层填入，每填充10～15cm稍踩紧，保持酿热物疏松适度。填料后及时覆盖塑料薄膜，晚上加盖草苫促酿热物尽快发热。3～5天后，当温度升至35～40℃时，在酿热物上方铺填2～3cm厚的细土，然后将营养钵排放至苗床，并喷透水。如果采用营养土块育苗方法，则覆营养土的厚度应为10cm左右，浇透水后按照8cm×8cm的规格切块，在缝隙中填入草木灰，避免起苗时营养土块散碎，保护根系完整。据测定，酿热物生热一般可维持40多天。

表5-2 常见酿热物的碳氮含量及碳氮比

种类	碳（%）	氮（%）	碳氮比	种类	碳（%）	氮（%）	碳氮比
稻草	42.0	0.60	70.0	米糠	37.0	1.70	21.8
大麦秆	47.0	0.60	78.8	纺织屑	59.2	2.32	25.5
小麦秆	46.5	0.65	71.5	大豆饼	50.0	9.00	5.6
玉米秆	43.3	1.67	25.9	棉籽饼	16.0	5.00	3.2
新鲜厩肥	75.6	2.80	27.0	牛粪	18.0	0.84	21.4
速成堆肥	56.0	2.60	21.5	马粪	22.3	1.15	19.4
松落叶	42.0	1.42	29.6	猪粪	34.3	2.12	16.2
栎落叶	49.0	2.00	24.5	羊粪	28.9	2.34	12.4

（2）电热温床 是指在苗床底部铺设电热线或远红外电热膜，利用其产生的热能或发出远红外光的热效应提高床温的一类温床。近年来，远红外电热膜因其热效率高、节能、操作简单易行等优点在生产上有取代电热线的趋势。

1）电热线或电热膜的选择。西瓜冬春茬电热温床育苗所需电热线功率，北方地区一般为80～120W/m^2，南方地区一般为60～80W/m^2，温室中应用功率略低，塑料大棚中功率略高。表5-3中列出了电热温床电热线或电热膜功率的选择参考值。

表5-3 电热温床电热线或电热膜功率选用参考值（单位：W/m^2）

设定地温/℃	基础地温/℃			
	9～11	12～14	15～16	17～18
18～19	110	95	80	—
20～21	120	105	90	80
22～23	130	115	100	90
24～25	140	125	110	100

根据苗床面积确定电热线功率和电热线长度，按照以下公式计算布线条数和线距。

布线条数＝（电热线长度－床宽×2）÷苗床长度

【注意】 布线的行数应取偶数，以使电热线的两个接头位于苗床的同一端，分别连接温控仪和电源。

线距＝床宽/（布线条数＋1）

【注意】 布线时，应注意边行线距适当缩小，中间行距适当加宽，全床平均线距不变，以解决苗床边缘温度较低的问题，保障幼苗生长一致。

2）电热温床的建造。首先在棚室中挖1.2～1.5m宽，30cm深的床坑，挖出的床土做成四周田埂。坑底铺撒10～12cm厚麦秸、稻草或麦糠等作为隔热层。摊平踏实后，隔热层上再铺3～4cm厚的细土，并踏实刮平。电热线布线时，取长度为10cm左右的小木棍，按照线距固定于苗床两端，每端木棍数与布线条数相等。先将电热线固定于苗床一端最靠边的一根木棍上，手拉电热线到另一端绕住2根木棍，然后返回绕住2根木棍，如此反复，最后将引线留于床外。布线完毕，加装温控仪并接通电源，用电表检查线路是否畅通（图5-2）。之后拔除木棍并在电热线上撒2～3cm厚的细土，整平踏实，以埋住并固定电热线。最后再填实营养土，浇水后切块或覆细土后排放营养钵。

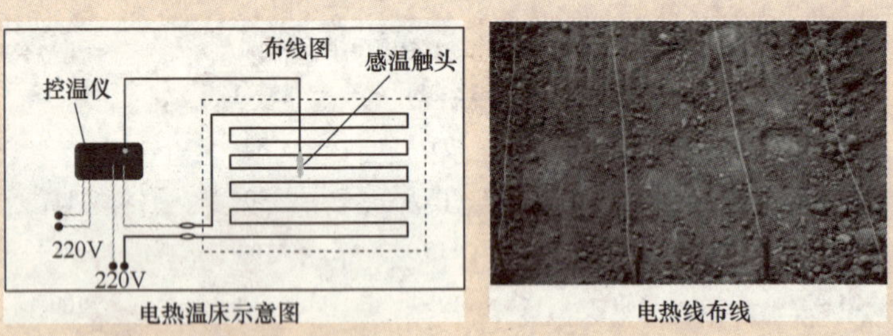

图5-2 电热温床及电热线布线图

【注意】 应使电热线贴到踏实刮平的床土上，并拉紧拉直，不得打结、交叉、重叠或靠得过近（线距不少于1.5cm）；电热线不得加长或截短，需要多根电热线时只能并联，不得串联；苗床进行农事操作时，应先切断电源，并防止线路断路；使用完后，电热线应轻拉轻取，安全储存。

采用远红外电热膜则无须布线环节，隔热层覆细土并踏实刮平后直接在苗床铺设既定功率单面发热电热膜，然后填实营养土，浇水后切块或覆2～3cm厚的细土后排放营养钵。

不论营养土块育苗还是营养钵育苗均需配制营养土。配制营养土的原料主要为园土（在2～3年未种植过瓜类作物的大田里取0～23cm深的表层土）、粪肥、饼肥或草炭、适量化肥等。常见营养土配比有两个：一是园土2/3，腐熟粪肥（或草炭）1/3，每立方米加入氮磷钾复合肥 1. 5kg 或尿素 0. 2kg、过磷酸钙 0. 25kg、硫酸钾 0. 5kg；二是园土 5/10，腐熟粪肥 3/10，草炭 2/10，每立方米加入氮磷钾复合肥 1. 5kg 或磷酸二铵 0. 5kg、硫酸钾 0. 5kg。

【注意】 有机肥和过磷酸钙均需打碎过筛后充分拌匀。

营养土配制过程中需进行消毒。常用的消毒方法为每立方米营养土在搅拌时掺入 50%甲基硫菌灵可湿性粉剂或 50%多菌灵可湿性粉剂 80 ~ 100g。或每立方米营养土在搅拌过程中用 40% 福尔马林 200 ~ 300mL，兑水 25 ~ 30L，搅匀后均匀喷入土中。塑料薄膜覆盖2 ~ 3 天后摊开营养土，待药气散尽后使用，如图 5-3 所示。

图 5-3 育苗用营养土

【注意】 营养土堆制应在使用前 1 ~ 2 个月进行，所用有机肥要充分腐熟方可使用。

2. 营养钵或营养土块制作

西瓜育苗用营养钵多采用软质黑色聚氯乙烯圆台形塑料杯，适宜规格为杯口直径 12cm、杯高 12 ~ 14cm。向钵内装土时不要装得过满，装至距钵沿 2 ~ 3cm 即可。将营养钵整齐地摆放于苗床内，如图 5-4所示。

营养土块制作方法：在苗床底部撒一薄层河沙或草木灰，然后回填 10cm 左右的营养土，踏实、耙平、浇透水。水下渗后用薄铁片或菜刀先横后竖划成 10cm × 10cm 的方土块，土块间撒少量细沙或草木灰，防止土块重新黏结以便后期起苗。

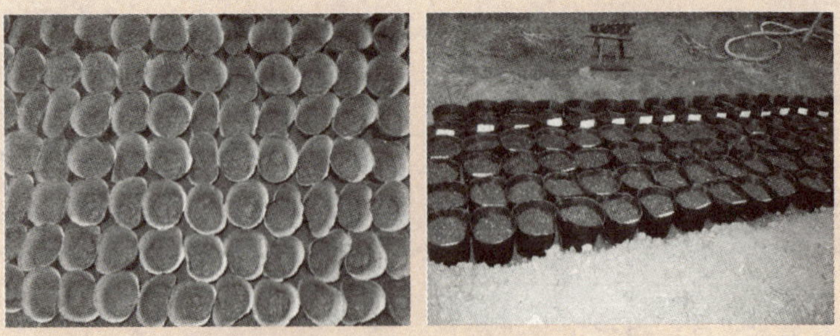

图 5-4　营养钵制作

【注意】 用营养土块育苗应精细操作，否则起苗时易散坨伤根，缓苗较慢。

3. 种子处理

西瓜种子播前的处理工作主要包括晒种、浸种、消毒、催芽。播种前根据棚室栽培西瓜定植密度确定苗数，一般棚室三蔓整枝亩苗数为 2000～2200 株，然后按照 90% 的发芽率确定播种量。精选种子后按照以下操作进行种子消毒。

（1）晒种　播种前将精选过的种子摊放于木板或纸板上，种子厚度不超过 1cm，在阳光下曝晒 1～2 天，期间每隔 2h 翻动 1 次，使其晾晒均匀。

【禁忌】 冰柜或种子库低温保存的种子在播前必须晾晒，否则会因种子活力低下导致出苗不齐或不出苗。

（2）温汤浸种　将选好晒过的种子，放入 55℃ 左右的温水中，水量为种子体积的 5～6 倍。边浸种边搅拌，并维持 55℃ 水温 15min 左右。水温降至 25～30℃，搓去种子表面的胶状物质。冲洗干净后，在室温下浸种 3～5h。

（3）热水烫种　对于西瓜的嫁接砧木南瓜等厚种皮种子而言，可将种子放入 5 倍于种子体积的 70℃ 热水中烫种。放入后迅速搅拌

30s，然后倒入冷水使水温降至30℃，之后进入正常温汤浸种程序。包衣种子不必冲洗。浸种时间为南瓜12h、瓠瓜24h、西瓜6～8h，浸种后用清水冲洗2～3遍，搓掉种子上的黏液，准备催芽。

（4）干热处理 干燥的西瓜种子（含水量6%左右）放入70℃恒温箱或烘箱72h，可有效杀灭种子内、外的病菌和病毒。

（5）药剂消毒 种子常见消毒方法见表5-4。

表5-4 种子常见消毒方法

药 剂	时间/min	灭菌名称
50%多菌灵或50%福美双可湿性粉剂500倍液、50%异菌脲可湿性粉剂500倍液等浸种	20	炭疽病、枯萎病、蔓枯病、根腐病
2%～3%漂白粉溶液浸种	30	种子表面多种细菌
0.2%高锰酸钾溶液浸种	20	
40%福尔马林100倍液浸种	20	炭疽病、枯萎病
97%噁霉灵可湿性粉剂3000倍液、72.2%霜霉威盐酸盐水剂800倍液等浸种	30	猝倒病、疫病
10%磷酸三钠溶液浸种	20	病毒病

【注意】 药剂消毒应严格把握消毒时间，结束后立即用清水冲洗数遍。

（6）催芽

1）催芽前浸种。一般常温下浸种以6～8h为宜；采用温汤浸种时可减至2～4h。

2）催芽温度和时间。西瓜催芽温度为28～30℃，低于15℃或高于40℃均不利于发芽。所需时间为1～2天，待70%左右的种子露白（胚根长0.3～0.4mm）时即可停止催芽，进行播种（表5-5）。

表5-5 部分蔬菜的催芽温度和时间

蔬菜种类	催芽室温度/℃	时间/天
茄子	28～30	5
辣椒	28～30	4

（续）

蔬菜种类	催芽室温度/℃	时间/天
番茄	25～28	4
黄瓜	28～30	2
甜瓜	28～30	2
西瓜	28～30	2
生菜	20～22	3
甘蓝	22～25	2
花椰菜	20～22	3
芹菜	15～20	7～10

3）催芽方法。把浸种后稍晾干的种子用湿棉（纱）布或湿毛巾包好，放于隔湿塑料薄膜上，上覆保温材料保温。有条件时，也可将湿布包好的种子放于恒温箱内进行催芽。箱内温度设定为30℃，相对湿度保持在90%以上。每4h翻动1次，直至种子露白。

【注意】 包种子时种子包平放的厚度不宜超过3cm。催芽过程中应间隔4～5h翻动1次种子，进行换气，并及时补充水分。

4. 播种

根据定植时间和苗龄确定播期。冬春茬西瓜常规苗苗龄一般为30～35天，嫁接苗为40～45天（彩图3）。夏秋季育苗常规苗苗龄一般为15天左右，嫁接苗为25～30天。冬春茬育苗应在温室或拱棚内苗床上添加小拱棚等多层覆盖设施（图5-5）。在苗床5cm地温稳定在16℃以

图5-5 苗床覆盖小拱棚

上时即可播种。

冬春茬播种应选在晴天上午进行，夏秋茬宜选择在下午5：00以后或阴天进行，均采用点播方法播种。瓜类嫁接育苗则可采用撒播方法播种（图5-6）。播种前苗床或营养钵浇透温水（水温35℃），下渗后，在每个营养钵或营养土块中央播1粒种子，深1.5～2cm，种子平放。播后及时覆盖塑料薄膜保温保湿，种子出土后及时撤膜。

图5-6　瓜类撒播育苗

【注意】　冬春茬西瓜播种不宜过深，否则遇低温高湿易烂种；也不宜过浅，过浅则易戴帽出土。

5. 冬春茬西瓜苗床管理技术

（1）温度管理　冬春茬西瓜苗床温度管理见表5-6。

表5-6　冬春茬西瓜苗床温度管理

生育时期	白天气温/℃	夜间气温/℃	其　他
播种到子叶出土	28～30	>16	苗床白天密闭充分见光，晚上覆盖草苫等保温
70%～80%种子子叶出土到第1片真叶出现	20～25	15～18	适当降温防止下胚轴旺长，形成高脚苗
第1片真叶展开后	25～28	15～18	促形成壮苗
定植前7～10天	18～22	12～16	保护地定植应轻炼苗，露地栽培应重炼苗

（2）湿度管理 西瓜苗床管理应严格控制水分。播种前浇透水，出苗前一般不浇水，以防种苗徒长或低温沤根。从出苗至真叶展开后，应结合苗床墒情及时增加浇水量。浇水宜在晴天上午进行，水温35℃左右。西瓜苗期湿度管理见表5-7。

表5-7 西瓜苗期湿度管理

时　　期	土壤相对湿度（%）	空气相对湿度（%）
播后至出苗	85～90	85～90
出土至破心	85～90	80～85
破心至3叶	85～90	75～80
3叶至定植	85～90	70～75

【注意】 塑料营养钵育苗应坚持少量多次浇水的原则；营养土块育苗应尽量少浇水。定植前数天停止浇水炼苗，并防止营养土块破碎。

（3）光照管理 冬春茬西瓜育苗床多处于低温弱光环境，管理不善则苗子细弱，易徒长，因此应采取措施尽量增加苗床透光率。第一，要经常保持棚膜清洁，增加幼苗见光。第二，在保证幼苗生长发育所需温度的基础上，草苫尽量早揭晚盖，延长见光时间。第三，采用无滴膜覆盖，及时通风排湿，防止棚内结露、滴水。第四，久阴乍晴，幼苗易发生脱水萎蔫，应采用晒花苫或采用草苫时盖时揭的方法，待幼苗恢复正常后再揭全苫。

（4）病虫害防治 西瓜苗期主要有猝倒病、病毒病、炭疽病等侵染性病害，以及冷害、沤根等生理性病害，应通过降低棚室和苗床湿度及化学药剂方法防治，打药宜在晴天上午进行。主要虫害有蚜虫、白粉虱、蓟马和美洲斑潜蝇等，应及时采用化学药剂防治。具体方法参考第十二章西瓜病虫害诊断与防治技术。

（5）定植前炼苗 西瓜幼苗定植需进行降温、控水处理，以增加幼苗抗逆能力和适应性。具体方法是定植前5～7天，选晴暖天气浇透水1次。然后通过加强通风降温排湿方法，使苗床白天温度控制在20～22℃之间，天气晴暖时，夜间可将不透明覆盖物揭开，苗床两端或两侧通风降温，使夜间温度控制在 18～20℃之间。之后随气温上升，苗床夜间温度稳定在 18℃以上时，可将塑料薄膜全部揭开。炼苗期间应注意刮风、下雨、倒春寒等天气变化，及时加盖覆盖物，严防苗床淋雨或遭受冷害。

【注意】 西瓜幼苗若定植于棚室内，且幼苗健壮，适应性强，则炼苗强度应酌情减弱或不炼苗。反之，如果幼苗细弱或定植于露地则应加强炼苗。炼苗应逐步降温控水，不可锻炼过度，否则定植后易成为僵苗。

（6）壮苗标准 冬春茬西瓜的壮苗标准：苗龄 30～35 天，2～3 叶 1 心，苗高 8～10cm，下胚轴粗矮，茎粗 0.2～0.3cm，子叶节位距土壤表面不超过 3cm；子叶完整，真叶叶片肥厚呈深绿色，无病斑、虫害；根系洁白发育良好，主根和侧根粗壮，无药害，无损伤。

（7）育苗过程常见问题 冬春茬西瓜在育苗过程中因气温较低、光照时间短、气候变化剧烈，常伴有倒春寒天气发生，均不利于幼苗生长发育。西瓜育苗期常见问题及解决方法见表 5-8。

表 5-8 西瓜育苗期常见问题及解决方法

序号	问题	症状	原因	解决方法
1	不出苗	幼芽腐烂或干枯、烧苗	施用未腐熟有机肥或过量化肥、农药导致烂芽；播种过深；土温低于 15℃，湿度过大；苗床过干致幼芽干枯	合理施用药肥，保持苗床适宜温、湿度
2	种子“戴帽”出土（图 5-7）	种皮部分包住子叶并一起出土，子叶展开不及时，影响光合作用	播后覆土过薄，土壤水分不足，地温较低，出苗时间延长，种子活力弱或种皮厚等	播后轻轻镇压土壤或在所播大粒种子上方堆 1.5～2cm 小潮土堆；保持苗床适宜湿度和温度；可在早晨或喷水后，种皮潮湿软化后人工“摘帽”

（续）

序号	问　题	症　状	原　因	解决方法
3	子叶畸形	两片子叶大小不一，或子叶开裂，或真叶抱合、粘连，真叶不能正常展开	种子质量较差或低温下叶芽发育不良所致	精选漂洗种子，剔除秕粒、残粒
4	高脚苗	下胚轴细长，叶柄长，叶片小，叶色浅，植株细弱	苗床高温高湿，光照不足，施氮过量	及时揭盖草苫和通风降温，出苗前苗床温度控制在30℃，出苗至第1片真叶展开前不宜超过25℃，同时严控浇水，增加光照，及时通风降温排湿
5	沤根	部分根系变黄，甚至枯萎腐烂，无新生白根，叶片深绿而不舒展，严重者叶缘枯黄	土温低于10℃，湿度过大	苗床温度掌握在15℃以上，最低不能低于13℃，同时防止土壤湿度过大
6	易发猝倒病	幼苗根颈部组织腐烂缢缩，发生倒伏死亡	苗床土温较低，湿度大，光照弱，连阴天，通风不良	注意提高土壤温度，及时通风排湿。结合浇水喷淋72.2%霜霉威盐酸盐水剂800～1000倍液防治
7	小老苗	幼苗矮小，叶片小而厚，生长点颜色深绿。幼茎粗壮，生长缓慢，主根发黄，新生白根发生少	炼苗过早，土温过低或养分缺乏；连阴天、光照不足加重症状	及时追肥，把握好揭、盖膜时间

（续）

序号	问　　题	症　　状	原　　因	解决方法
8	闪苗	叶片生理性脱水萎蔫	苗床内温、湿度较高，骤放大风造成低温干燥环境引发	苗床放风应由小到大逐渐进行，使幼苗逐步适应
9	灼苗	生长点受高温强日灼伤，嫩茎叶失水萎蔫，严重者死亡	育苗后期强日直射幼苗所致，苗床湿度较小加重症状	注意通风降温，避免连阴天后幼苗突见强日照

图 5-7　幼苗“戴帽”出土

二　夏秋季西瓜育苗管理技术

夏秋天气的基本特点是高温多雨，光照强烈，气候变化剧烈，病虫害多发。因此，此期苗床管理的重点是通风降温、防雨遮阳，避免高温导致花芽分化不良、后期产生畸形果，并注意防治病虫害等。管理要点如下。

（1）选种与种子处理　该环节参考冬春茬的选种与种子处理。

（2）催芽　夏秋季节气温一般在30℃以上，适宜西瓜发芽，因此可直接用湿棉纱、毛巾等包裹种子放于暗环境下催芽即可。一般催芽1天左右即可播种。

（3）播种 播前苗床或营养钵浇透水，不必覆盖薄膜保湿，一般播后40h左右幼苗出土。

（4）苗床管理 苗床在温室中应在昼夜打开顶部通风口的同时，将温室前沿农膜撩起通风，通风口加装30目防虫网。塑料拱棚内育苗时，除顶部放风外，两侧农膜均应卷起，加大通风量如图5-8所示。当日光过于强烈时，应于晴天10：00～15：00在棚室农膜上方加装60%遮阳网遮光降温或棚膜喷洒石灰水或白色涂料，如图5-9所示。有条件的地方可在温室前沿加装风机和湿帘及时降温（图5-10），并适当控制浇水，以防形成高脚苗。温室前沿出现雨水灌入时，应及时挖阻水沟，防止苗床灌雨水或雨淋。注意综合防治猝倒病、病毒病、蚜虫、螨类、斜纹夜蛾等病虫害。

图5-8 棚室通风口加装防虫网

图5-9 石灰水或遮阳网遮阴

图 5-10　湿帘和风机

（5）壮苗标准　夏秋季西瓜宜选小苗定植，其标准为苗龄 15 天左右，2～3 叶 1 心，茎粗 0.3～0.5cm，叶片深绿肥厚，无病虫斑；根系洁白，主侧根发达，布满整个营养钵。

第二节　西瓜穴盘基质育苗技术

穴盘基质育苗是工厂化育苗中的核心技术，具有基质材料来源广泛、易防病、节肥、成苗率高等优点，目前已在设施蔬菜产区得到广泛应用。

1. 穴盘选择

多选用规格化穴盘，制盘材料主要有聚苯乙烯或聚氨酯泡沫塑料模塑和黑色聚氯乙烯吸塑两种。规格为长 54.4cm、宽 27.9cm、高 3.5～5.5cm（图 5-11）。孔穴数有 50 孔、72 孔、98 孔、128 孔、

图 5-11　常见 72 孔和 50 孔穴盘

200 孔、288 孔等规格。根据穴盘自身重量又可分为 130g 轻型穴盘、170g 普通穴盘和 200g 以上重型穴盘 3 种。西瓜育苗一般选择 72 孔普通穴盘即可，播种南瓜砧木则需 50 孔穴盘。

2. 基质配方选择

生产上若农户自育苗自用，因需苗量不大，可直接购买成品基质（图 5-12），成品基质养分全面，育苗过程中一般无须补肥。而工厂化育苗基质需求量大，为节省成本，一般自行配制混合基质。

图 5-12　市场成品育苗基质

基质成分主要包括有机基质和无机基质两种。常见有机基质材料有草炭（泥炭）、锯末、木屑、炭化稻壳、秸秆发酵物等，生产上草炭较为常用，效果最好。无机基质主要有珍珠岩、蛭石、棉岩、炉渣等，其中珍珠岩和蛭石应用较多。

常用混合基质配方：①草炭∶珍珠岩（蛭石）∶秸秆发酵物（食用菌废弃培养料）=1∶1∶1 或 1∶2∶1；②草炭∶蛭石∶珍珠岩 =6∶(1～2)∶(2～3)；③草炭∶炭化稻壳∶蛭石 =6∶3∶1；④草炭∶蛭石∶炉渣 =3∶3∶4。选好基质材料后，按照配比进行混合。混合过程中每立方米混合基质掺入三元复合肥或磷酸二铵 1kg、硝酸铵和硫酸钾各 0.5kg，可有效预防西瓜苗期脱肥。同时每立方米基质拌入 50% 的多菌灵可湿性粉剂 200g 进行消毒，如图 5-13 所示。

【注意】　基质配制过程中不宜以尿素作为种肥，以免降低发芽率。另外，混合基质的 pH 调整为弱酸性或近中性（6～6.5）有利于西瓜幼苗生长。

3. 装盘

基质装盘以搅拌均匀的湿润基质为佳，可使幼苗出土整齐一致，不易戴帽。其方法是：先将基质盛于敞口容器中，加水搅拌至湿润

（抓一把基质以轻握不滴水为宜）；然后将湿基质装盘，抹平（图 5-14、图 5-15）。

图 5-13　基质混合和堆放

图 5-14　加水拌匀基质

4. 播种

播种前先用手指或采用自制压穴器戳播种窝，每穴播种 1 粒，播深为种子长度的 1～1.5 倍（约 1cm），播后在窝上覆盖干基质，然后用手掌轻压抹平。冬春茬 5～6 天，夏秋茬 2～3 天即可出苗（图 5-16）。

图 5-15　装盘

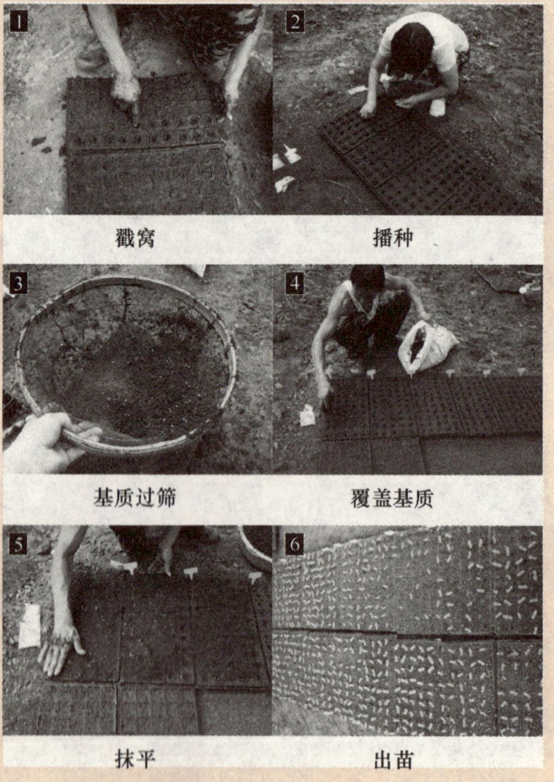

图 5-16　播种出苗

【注意】 基质装盘前应先过筛，除去基质土块，以防土块压苗造成弱苗。播后覆盖干基质，不可覆盖湿基质以免影响发芽。

5. 苗期管理技术要点

(1) 冬春茬育苗 冬春茬穴盘基质育苗的关键限制因子是低温和弱光，因此应在穴盘上方加盖小拱棚进行二次覆盖。同时，可将每平方米功率为 110W 的防水远红外电热膜铺于地下 2cm 左右，然后将穴盘置于其上，通过温控仪调控小拱棚内白天温度为25～30℃，夜间温度为15～18℃，效果良好，如图5-17所示。并应注意浇水水温，一般应把握在20～25℃之间，不可用冷自来水直接浇灌，以免冷水激苗，浇水宜在早晚进行。

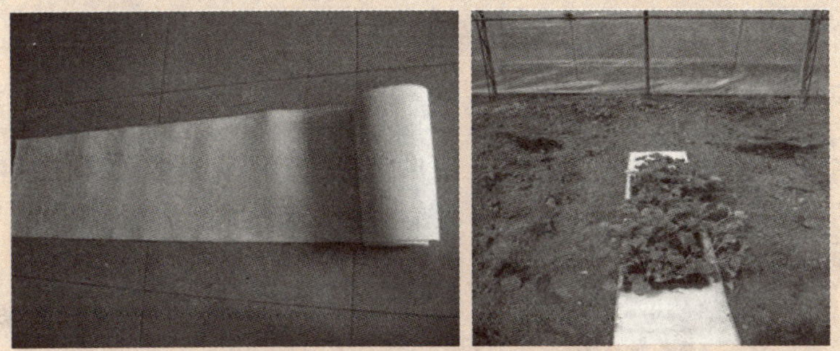

图5-17　远红外电热膜

【提示】　穴盘苗根系可通过渗水孔下扎至土壤中，应经常挪动穴盘位置，防止定植时伤根造成大缓苗。

（2）高温季节育苗　高温季节水分蒸散量大，光照强烈，因此在育苗管理上应坚持勤浇水的原则，保持上层基质湿润。同时，每穴盘浇完水后应回浇穴盘边缘苗，以防边缘缺水形成小弱苗。出苗后控制浇水，防苗徒长。后期苗子需水量大增，喷壶似毛毛雨般的洒水不能满足需要，可在穴盘四周做简易畦埂，以水漫灌穴盘底部的方法解决。当中午阳光过于强烈时，可在棚膜上方外覆遮阳网遮阴降温。有条件的地方可安装风机和湿帘辅助降温。

【注意】　苗床或穴盘水分管理应保持在最大持水量的70%～80%，土壤过干会促进雄花形成，造成“花打顶”。

第三节　西瓜嫁接育苗技术

西瓜的嫁接育苗可有效防控西瓜枯萎病、根腐病等土传病害，提高其低温耐性；砧木吸收能力强等有助于植株健壮丰产，在连作地块效果尤为明显。嫁接方法主要有靠接法、插接法和劈接法三种，前两种方法较为常用。嫁接育苗主要包括以下环节。

1. 砧木选择

与西瓜接穗亲和力比较强的砧木主要有瓠瓜、南瓜、冬瓜等。瓠瓜嫁接亲和力高，抗性好，对西瓜品质无不良影响，是西瓜嫁接的理想砧木。南瓜砧木长势强，抗性好，但与西瓜嫁接亲和性在品种间差异较大，且所结西瓜果肉坚硬，易出现黄筋，影响品质。常用南瓜砧木有云南黑籽南瓜、白籽南瓜、美国黄籽南瓜，新土佐南瓜等。冬瓜砧木抗凋萎病，嫁接亲和力仅次于瓠瓜，果实品质优于南瓜，但长势、抗病性不如前两者，且耐低温性差，结果采收延迟，不宜早熟栽培选用。西瓜共砧亲和力好，果实品质最佳，但长势相对较弱，枯萎病抗性不彻底。

2. 确定播期

砧木和西瓜接穗播期应根据砧木种类和嫁接方法确定，以确保砧木嫁接适期与接穗嫁接适期相遇。一般而言，以南瓜作为砧木，采用靠接法嫁接的砧木比接穗晚播 3 ~ 4 天，采用插接法嫁接的砧木比接穗早播 3 ~ 4 天。以瓠瓜作为砧木，采用靠接法和插接法嫁接的砧木分别比接穗晚播 5 ~ 7 天或早播 5 ~ 7 天。可在苗床或穴盘中播种，苗床播种南瓜时密度稍大以使其下胚轴细长，有利于嫁接操作。图 5-18 为播种白籽南瓜时的场景。

图 5-18　播种白籽南瓜

3. 嫁接适期

靠接法嫁接适期以接穗第 1 片真叶展开一半，砧木子叶完全展开，第 1 片真叶正要抽出时为宜；插接法嫁接适期为砧木子叶完全展开，真叶刚刚抽出，接穗子叶刚刚展开（图 5-19、图 5-20）。嫁接时砧木和接穗苗龄宜小不宜大，以免大苗髓腔形成后与接穗间不易产生愈伤组织而影响成活率。

图 5-19　靠接法待嫁接接穗和砧木

图5-20　插接法待嫁接接穗

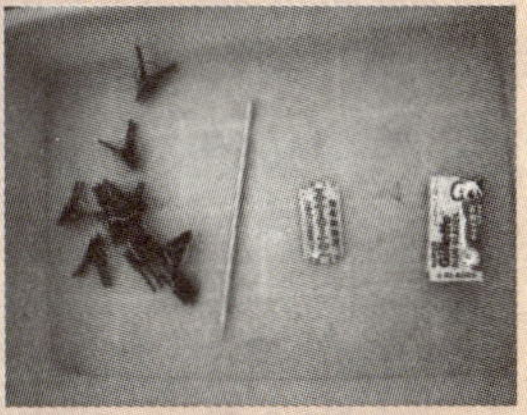

图 5-21　嫁接工具

4. 嫁接前的准备

嫁接前应准备嫁接工具与场所。嫁接用切削或插孔工具主要有双面刮须刀片和竹签（或细铁针），接口固定物是小塑料平口夹和圆口夹（图 5-21），靠接应用平口夹；还要准备 75% 酒精，用于消毒；提前准备营养钵和营养土。嫁接前 3 ~ 5 天控制浇水，嫁接前 1 天浇透水，以利于嫁接苗成活。嫁接应在无风、相对湿度较高的棚室内或育苗专用温室内进行。

5. 嫁接方法

（1）靠接法　在嫁接前期所用接穗和砧木均保留根系，易成活，便于操作，生产上应用较多。

靠接法操作步骤：①切砧木。用刀片削去南瓜真叶，在子叶下1cm处用刀片斜削一刀，斜度为35°~45°，长度约为1cm，深度为下胚轴粗度的2/5~1/2，且以不达髓腔为宜。②切接穗。在接穗子叶下1.2~1.5cm处向上45°斜削一刀，深度为下胚轴直径的1/2~2/3，长度与砧木切口一致。③插合与固定。右手拿接穗，左手拿砧木，将砧木和接穗切口嵌合，然后用平口夹将二者固定，此时砧木和接穗子叶呈十字形。嫁接过程如图5-22所示。

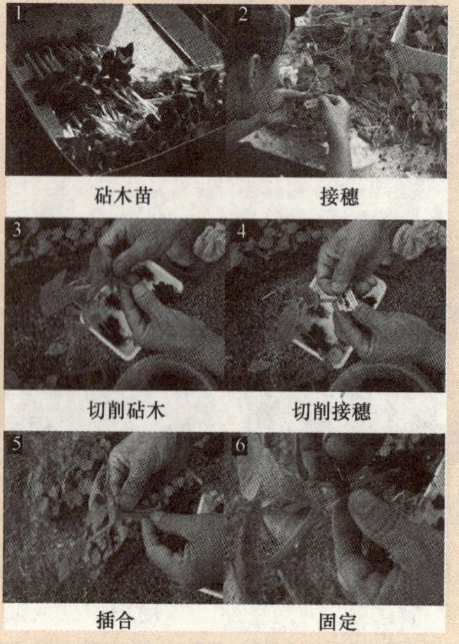

图5-22 靠接法操作过程

嫁接结束后及时移栽入营养钵中，二者根系相距1cm，以便后期接穗断根。接口应距钵内土面2~3cm，以免水湿伤口或发生自根。栽好后适量浇水，勿湿接口，之后覆盖小拱棚保温保湿，3~5天成活后方可揭膜。另外，温室棚膜上方应搭花苫遮阴。嫁接后的管理如图5-23所示。7~10天后伤口愈合，应及时切断接穗根部。

【提示】 靠接法伤口愈合好，成活率高，成苗长势较旺，管理简单，但操作复杂，需投入较多劳力。

图 5-23　嫁接后的管理措施

(2) 插接法　即砧木不离土和接穗断根后嫁接的方法，此法一次完成，操作简单，但操作不当时此法成活率稍低于靠接法。

插接法操作步骤：①切除生长点。用刀片切除砧木真叶和生长点。②竹签制作。选择粗度与砧木直径相适应的竹签（直径略小于下胚轴），前端削尖、削平，使其横断面呈半圆形。③插孔。左手扶住砧木，右手持竹签从砧木一侧子叶着生处向另一侧子叶下方呈45°斜戳深为0.7～1.0cm的孔洞，以不戳破下胚轴为宜（竹签暂不拔出）。④切削接穗。取接穗在其子叶下方0.8～1.0cm处用刀片沿胚轴上表皮倾斜向下削一刀，切至下胚轴直径的2/3，切口长0.6～0.7cm，反转接穗，从切口对侧斜削将胚轴切成楔形。⑤插合。拔除砧木上的竹签，立即将接穗向下轻轻插入砧木孔中，使其密合。此时接穗子叶与砧木子叶呈十字形或平行均可。插接过程如图 5-24 所示。

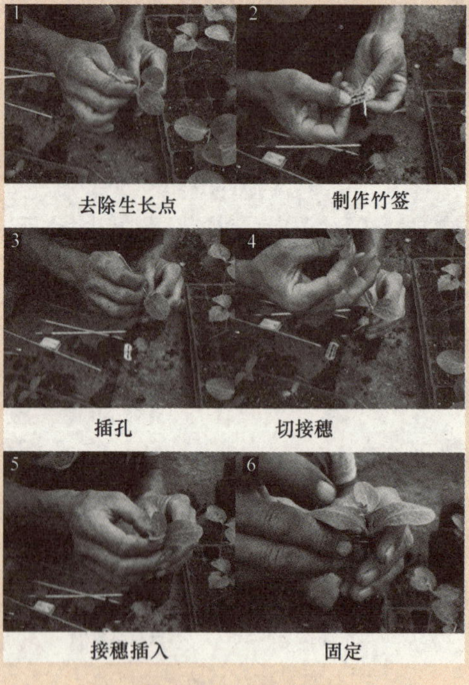

图 5-24　插接过程

嫁接结束后覆盖小拱棚或薄农膜保温保湿，温室棚膜上方应搭花苫遮阴，勿让水滴沾湿伤口。

【注意】 插接法操作简单，功效较高，但接穗苗龄过大会影响成活率，生产上应予以注意。

6. 机器人嫁接技术

人工嫁接西瓜需要熟练的工人，且效率较低，嫁接标准不一，在一定程度上限制了嫁接苗的推广应用。由中国农业大学发明的双向高速蔬菜嫁接机器人对西瓜苗的嫁接速度大于850棵/h，嫁接成功率大于95%，可使嫁接速度提高30%以上，具有很好的应用前景。机器人嫁接西瓜如图5-25所示。

图5-25　机器人嫁接西瓜

7. 嫁接后管理技术要点

西瓜嫁接后的苗床管理对于提高嫁接苗成活率非常重要，尤其最初5天的管理是否得当是成败的关键。应及时采取措施加强苗床温度、湿度、光照和通风等管理，以加快伤口愈合及促进幼苗生长。

（1）温度管理　西瓜嫁接后应在苗床架设小拱棚保温保湿，必要时增加远红外电热膜或电热线增温。3～4天后湿度大时进行少量通风，1周后待伤口基本愈合可逐渐加大通风量，按照一般苗床进行管理。定植前1周进行低温炼苗，保持白天22～24℃、夜间13～15℃。西瓜嫁接苗的温度管理可参考表5-9。

表5-9　西瓜嫁接苗的温度管理

时　期	白天温度/℃	夜间温度/℃	基质温度/℃
嫁接后1～4天	26～28℃	20～25℃	>18℃
嫁接后5～7天	22～28℃	18～20℃	>16℃
嫁接7天后	23～24℃	18～20℃	>16℃
定植前5～7天	22～24℃	13～15℃	13～15℃

【注意】 西瓜嫁接初期环境温度超过40℃或低于10℃将严重影响成活率，生产上应予以注意。幼苗长出1片心叶时夜温可保持在16～18℃，有助于花芽分化。

（2）湿度管理　嫁接前对苗床浇透水，保持棚内湿度95%以上，压严棚膜，以防棚内湿度下降，且以叶片挂水珠为宜。当湿度过低时可用喷雾器在地面、棚内空间喷雾增湿，伤口愈合前不宜浇水。3～4天后伤口进入愈合期，一方面应防止接穗凋萎，另一方面在早晨、傍晚湿度大时通风换气，并逐渐增加通风时间和通风量，10天后按一般的苗床管理，保持基质相对湿度为75%～80%。基质含水量过低易促雄花形成，造成花打顶，原则上控温不控水。

（3）光照管理 在嫁接温室、苗床棚膜上覆草苫、遮阳网等遮阴，避免高温和阳光直射，防止接穗失水凋萎。2～3天后可在早晨、傍晚揭除覆盖物，使嫁接苗接受散射光，防止砧木黄化，3天后逐渐延长见光时间，1周后只在中午遮光，10天后恢复一般苗床管理。当接穗第1片真叶全部长出时，可彻底揭除遮阳网。

（4）通风换气 嫁接3天后，每天揭小拱棚棚膜1～2次进行换气，5天后嫁接苗新叶开始生长，应逐渐加大通风量。10天后嫁接苗基本成活，可恢复一般苗床管理。

（5）分级管理 因受亲和力、嫁接技术等多因素影响，嫁接苗会出现完全成活、不完全成活、假成活和未成活四种情况（表5-10）。管理上可先挑出未成活苗，其他临时不易区分的生长缓慢、不完全成活和假成活苗可放于温度和光照条件好的位置，以让生长缓慢苗逐渐赶上大苗，同时淘汰假成活苗。

表5-10 瓜类嫁接成活状况及原因

级别	成活状况	愈合部位结构	嫁接苗的生长类型
1	完全成活	纵向维管束系统结合1/2以上，形成愈伤组织	生长正常植株，包括发生不定芽的植株、接穗生根的植株
2	不完全成活	纵向维管束系统不完全结合，少数中心腔发根，发生不定根	生长不良的植株、停止生长植株、接穗发根植株
3	假成活	纵向维管束系统没有结合，中心腔发根	停止生长植株、假嫁接株、暂时嫁接株、再生长株、枯损株
4	未成活	未成活，结合部位异常	砧木再生芽株、接穗发根株、枯损株、枯死株

（6）其他管理 嫁接5～7天后应及时摘除砧木萌发的不定芽。

靠接法嫁接10天后用刀片在嫁接口下1cm处切断接穗下胚轴，同时摘除砧木不定芽。嫁接后15天除去固定塑料夹。

（7）嫁接苗壮苗标准 嫁接苗健壮，嫁接部位愈合良好，有2~3片健康真叶，节间短，叶色正常，根系发达，将基质紧密缠绕形成完整的根坨，无病虫为害。

8. 嫁接失败的补救措施

西瓜嫁接5天后及时检查嫁接苗成活率，将子叶完整尚可利用的砧木分类入畦，畦上小棚内加强降温排湿，叶片喷洒70%甲基硫菌灵可湿性粉剂800倍液防病。同时按照未成活苗数的1.5倍种量浸种催芽并播种，接穗种子出土后子叶刚展开即可用于补接。补接过程时间仓促，接穗较小，因此宜采用劈接、贴接或芽接等方法进行补接。补接苗达到3叶1心时定植，苗龄一般比原嫁接苗晚6~8天，但比再播砧木重新嫁接苗早10~12天。

第六章
西瓜小拱棚栽培技术

西瓜小拱棚、地膜双膜覆盖栽培方式，幼苗定植期可提早到终霜前30天左右；瓜熟得早，华北地区于5月下旬~6月上旬即可采收供应市场，并可采收二茬瓜；经济效益显著，是西瓜早熟栽培的重要栽培方式。

第一节　小拱棚西瓜定植前的准备

一　品种选择

小拱棚早熟栽培西瓜应选择雌花节位低、雌花间隔节位少、果实发育期短、成熟度要求不严，适当提早采收不影响其商品价值、耐低温、弱光的优质早熟品种，如红小玉、小凤、郑杂7号等。小拱棚早熟栽培西瓜比地膜覆盖栽培可提前15~20天上市，并可进行二茬瓜生产。

二　确定播期和育苗

华北地区一般在2月下旬播种，苗龄30~35天，以有3~4片真叶时移栽为宜。详细可参考第五章西瓜育苗技术。

三　栽培管理

1. 整地、施肥

定植前结合整地一次性施足基肥。一般每亩施入充分腐熟的优质农家肥4000~5000kg或者稻壳鸡粪或鸭粪3500~5000kg或优质颗粒有机肥 100～200kg，三元复合肥 50～100kg 或尿素 20～30kg、过磷酸钙 80kg、硫酸钾 10～15kg。1/3基肥撒施，2/3 基肥集中施于定植畦下（图 6-1）。

图 6-1　撒施有机肥

2. 做畦

西瓜小拱棚栽培的做畦方式各地因气候环境不同以及种植习惯不同而差异较大。西瓜栽培常用的平畦、龟背畦、高畦和小高垄做法以及适用地区如下。

（1）平畦　又将其称为大小畦，将定植沟整平作成 50cm 宽的小畦，畦中央定植瓜苗。把小畦内挖出的土紧邻小畦堆放，整平作成大畦，大畦宽 1.5m，用于伸展瓜蔓和坐瓜。大畦和小畦之间筑畦埂以利于浇水。平畦的缺点是下雨时坐瓜畦内易积水。

（2）龟背畦　即将大畦面作成弧形凸起，高于小畦呈龟背状，畦宽 1.8～2.0m。这种畦的优点是瓜蔓和瓜都在龟背上，可防止因畦面积水而烂瓜，也有利于通风。

（3）高畦　一般有两种规格：一种畦宽 2m，高 40～50cm，两畦间留有 30～40cm 宽的排水沟，畦中央挖定植沟种植 1 行西瓜；另一种畦宽 4m，高 20～30cm，畦面两侧各挖 1 行定植沟，种植 2 行西瓜对爬。

（4）小高垄　小高垄有单行垄和双行垄之分。单行垄上宽 30cm、下宽 50cm、高 15～20cm，垄距 1～1.8m，单向顺爬。双行垄上宽 70～80cm、底宽 1～1.2m、高 20cm，行间距 40cm，相邻垄距 2m，双向爬蔓。这种方式适合夏秋栽培和多雨地区栽培。早春双膜覆盖栽培也可采用这种方式，有利于提高地温。

华北、东北地区西瓜生长前期干旱，后期进入雨季，一般采用平畦或龟背畦覆膜栽培。西北地区做畦要以有利于灌溉为原则，一般作成沟畦，畦宽 4.0～4.5m，畦面宽 3.0～3.5m，沟深 30～40cm，沟底宽 30～40cm，沟面宽 80～100cm。南方地区做畦应以排水为主、排灌结合为原则，常以高畦栽培。高畦又可分为宽畦和窄畦两种：

宽畦连沟宽 4.0～4.5m，沟宽 60cm，畦面两侧各留 70cm 种瓜行；窄畦连沟宽 2.0～2.5m，在畦中央种植 1 行西瓜。做畦后选择晴朗无风天气覆盖相应规格的聚乙烯农膜。常用西瓜做畦示意图如图 6-2 所示。

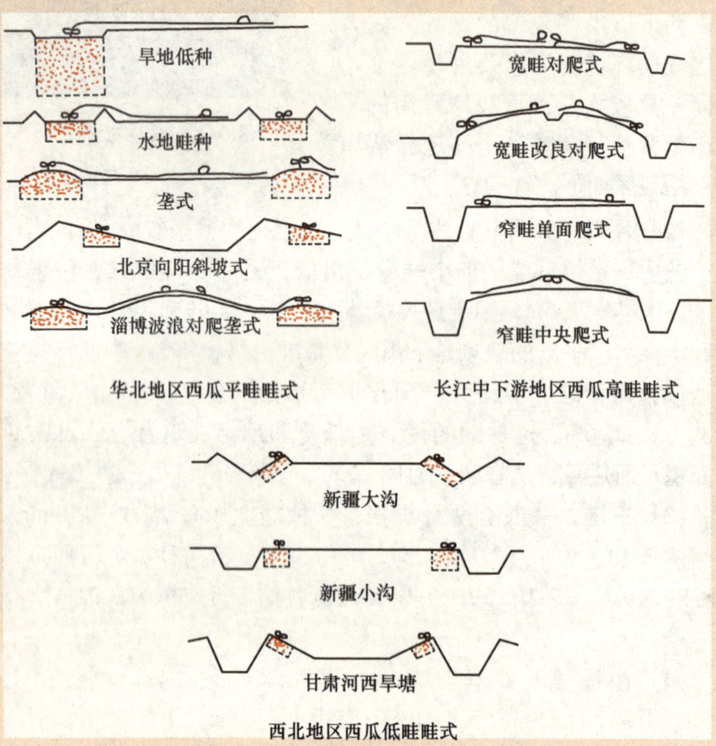

图 6-2　各地西瓜栽培用畦示意图

3. 适期定植

当小拱棚内 10cm 地温稳定在 13℃ 左右，旬平均气温 8℃ 以上时即可定植。定植常采用单垄双行单株栽培，行距 20～40cm，2～3 蔓整枝株距 40～50cm。瓜行距垄边 16～18cm，两行瓜苗交错呈三角形定植（交错栽），背行爬地。定植后及时扣棚，棚膜四周用土封严。以平畦栽培为例，演示小拱棚西瓜定植过程，如

图 6-3 所示。

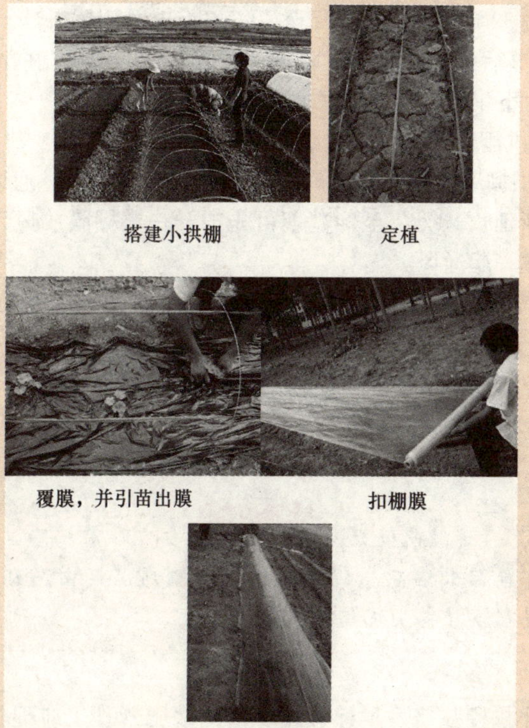

搭建小拱棚　定植

覆膜，并引苗出膜　扣棚膜

扣膜成功

图 6-3　小拱棚西瓜定植演示图

第二节　小拱棚西瓜定植后的栽培管理技术

1. 温度、湿度管理

小拱棚保温性能较差，棚内温度易随环境变化而变化。前期应侧重保温，保障幼苗正常生长。中后期气温升高后应重点防控棚内高温烤苗。

1）定植后 7 ~ 10 天一般不通风，以提高棚温和棚内湿度，促根缓苗。当棚内温度超过 35℃时，可在晴天中午短时间揭开棚南头膜通风降温、降湿。

2）缓苗后适当降低棚温，上午棚温超过30℃时放风，中午棚内温度不超过32℃，下午气温降至30℃时及时关闭风口。

3）伸蔓后午前棚温升至25～28℃时放风，中午棚内温度控制在32℃以下，下午气温降至25℃时及时关闭风口。

4）小拱棚通风须知：

① 小拱棚通风量和通风口应由小到大逐步进行，通风降温、降湿时间逐渐延长，缓苗至伸蔓期可先揭开一端棚膜放风，随气温升高逐步两端一起通风。

② 当棚外白天气温稳定在15～18℃时，可两侧通风，夜间关闭。

③ 棚外白天气温超过18℃，可昼夜通风降温炼苗。

④ 当夜间气温升至12℃以上时，接近开花授粉或坐瓜后可将两侧棚膜完全卷至棚顶，下雨时放下遮雨或撤棚。

【禁忌】 连续阴雨天后，应在上午9：00前揭膜通风，切忌在中午前后升温后仓促放风，否则棚内湿度由高到低变化过快，易引发植株失水伤苗。

2. 肥水管理

西瓜小拱棚栽培系早熟栽培，因此水肥管理上应促控结合，防止植株徒长导致落花、化瓜。

（1）浇水

1）定植后3～4天浇1次缓苗水。缓苗后，苗期一般不再浇水，以利提高地温。

2）伸蔓期浇透水1次。

3）开花坐瓜前除非特别干旱，否则不宜浇水。

4）当果实长至鸡蛋大小时开始浇膨瓜水2～3次，根据墒情每隔5～7天浇1次，保持土壤湿润。采收前5～7天停止浇水。

（2）施肥

1）进入伸蔓期后随浇水每亩冲施尿素4～5kg、硫酸钾4～5kg或三元复合肥5～10kg，适当补充硼等微量元素。

2）当果实长至鸡蛋大小时每亩冲施复合肥15kg和复合微生物肥20kg（图6-4）。

3）当果实直径达13～18cm时进行第三次追肥，结合浇水每亩施磷酸二氨或尿素5kg、硫酸钾5kg。为防止植株早衰，后期可叶面喷施商品叶面肥或0.5%磷酸二氢钾和0.3%尿素混合液，每7～10天喷1次，连喷2～3次。

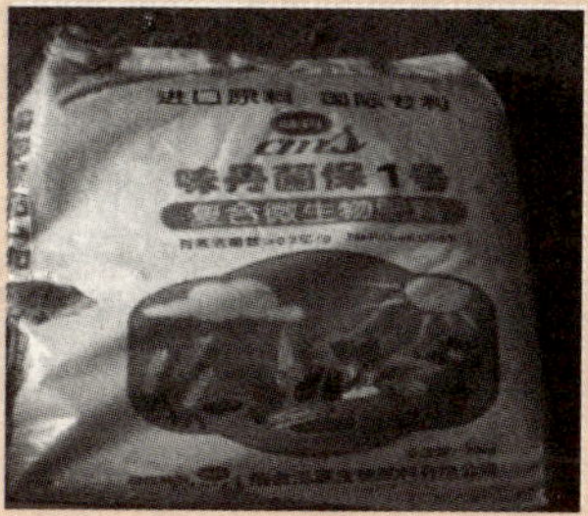

图6-4 西瓜用复合微生物肥

（3）植株调整

1）整枝。西瓜主要的整枝方法如下：

① 保留主蔓整枝法。

a. 单蔓整枝：只留1条主蔓，侧蔓全部摘除。该法主要用于小果型品种和早熟密植栽培。

b. 双蔓整枝：除保留主蔓外，在主蔓基部选留1条健壮侧蔓，然后摘除主蔓坐瓜节位前的所有侧蔓。一般主蔓留瓜，若主蔓留不住瓜时，可在侧蔓选留。当株距较小、行距较大时，主、侧蔓背向爬地。当株距较大、行距较小时，主、侧蔓以同向生长为宜。该法在早熟栽培或土壤瘠薄地块应用较多。

c. 3～4蔓整枝：除保留主蔓外，在主蔓基部选留2～3条健壮、长势基本一致的侧蔓，然后摘除主蔓坐瓜节位前的所有侧蔓。西瓜露地栽培或晚熟品种常用这种整枝方法。

② 主蔓摘心整枝法。主蔓于5～6叶期摘心，子蔓抽生后选留3～5条长势基本一致的子蔓平行生长，摘除其余子蔓和子蔓坐瓜节位前的所有孙蔓，即3～5蔓整枝法。

③ 小拱棚栽培多采用保留主蔓、双蔓整枝法。

④ 小拱棚栽培留二茬瓜的整枝方法要点：在西瓜株距较小、密度较大、双蔓整枝和肥水中等的情况下，整枝时保留主蔓，主蔓上选留1个瓜，当主蔓结瓜成熟前10～15天再在侧蔓上选留1个瓜。第一个瓜采收前7～10天选留第二个瓜胎授粉坐瓜。

⑤ 西瓜常见整枝方式，如图 6-5 所示。

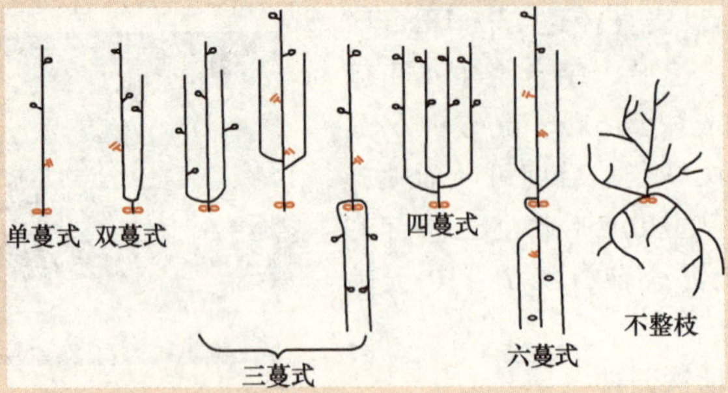

图 6-5　西瓜常见整枝方式

【提示】 整枝须知：①整枝应坚持先紧后松的原则，后期轻整以防植株早衰。②整枝应及时，分次进行。一般在主蔓长 40～50cm，侧蔓长 15cm 时开始整枝，每隔 3～5 天整枝 1 次，坐瓜前整 3～4 次。③坐瓜后不再整枝。

2）压蔓。用泥土或枝条将瓜蔓压住或固定称为压蔓。压蔓是北方瓜田重要的田间管理技术。压蔓的好处：固蔓防风，防止大风损伤茎、叶、花、果；使主、侧蔓均匀分布，改善植株通风透光条件；调控植株生长，促发不定根。压蔓可分为明压法、暗压法和压阴阳蔓法三种。

① 明压法：通常用土块、树枝、塑料（铁丝）夹将瓜蔓固定在畦面上，一般每隔 20cm 压 1 次，如图 6-6 所示。此法适用于早熟、长势相对较弱品种和湿度较大的黏重地块。

② 暗压法：挖小沟埋土固定瓜蔓，即用瓜铲顺瓜蔓开小沟，沟深 8～10cm、宽 3～5cm，将茎蔓理顺埋入沟内，露出叶片和生长点，覆土压实即可（图 6-7）。此法适用于易徒长的中晚熟品种和沙旱地、丘陵坡地等。

图 6-6　明压法

③ 压阴阳蔓法：将瓜蔓理直后每隔 30～40cm 埋入小沟中 1 段，然后用沟土压实。埋沟方法与暗压法相同，如图 6-8 所示。此法适用于平原或低洼地栽培。

图 6-7　暗压法

图 6-8　压阴阳蔓法

【提示】 压蔓须知：①压蔓须在午后茎蔓柔软时进行；只压瓜蔓，勿压叶片；雌花前后 2 节内段不压。②雌花节到根部瓜蔓应轻压，以促进营养向瓜内运输；雌花节到瓜蔓先端 2～3 节重压，控制瓜蔓顶端生长。③茎叶徒长时重压、深压，抑制茎端过快生长，促进坐瓜；茎叶生长较弱时轻压。

3）倒蔓和盘条。

① 倒蔓：当瓜蔓长至 30～50cm 时，将瓜蔓向预定一侧压倒，埋入小沟中覆土压实。

② 盘条：当瓜蔓长为 40～50cm 时，将主蔓和侧蔓分别引向植株根际斜后方，弯曲主、侧蔓使茎蔓生长点再次回转向前，使主、侧

蔓齐头并进。盘条可以缩短定植行距，宜于密植，并使主、侧蔓生长一致，便于田间管理。

4）小拱棚西瓜植株调整。

① 一般采用双蔓整枝法整枝。

② 西瓜进入伸蔓期后，小棚外温度尚低，瓜蔓不能引出棚外，应及时在棚内盘蔓，并注意防止生长点靠在棚膜上烤伤。

③ 撤棚后小心将瓜蔓引入坐瓜畦，勿伤雌花和幼瓜。

④ 当瓜蔓长至60cm时压蔓1次，之后每隔4节压1道，坐瓜节前后2节各压1道。

【禁忌】 西瓜嫁接苗宜采用枝条压蔓，切忌采用暗压或土块明压。以防压蔓节产生不定根，增加枯萎病发病概率。

（4）花果期管理技术

1）人工授粉。西瓜属异花授粉作物，但小拱棚栽培西瓜若花期温度较低或遇阴雨天，昆虫活动较少时，则必须进行人工辅助授粉。人工辅助授粉宜在上午7：00～9：00进行，每朵雄花可供2～3朵雌花授粉。授粉时将花粉轻轻涂在雌蕊柱头上或用松散毛笔蘸取雄花花粉轻涂于雌花柱头上，务必使花粉均匀遍布在柱头上，否则易产生畸形瓜。为提高西瓜坐果率，可采用坐瓜灵粉剂100倍液于开花当天或前一天喷洒瓜胎。

在授粉雌花花柄上挂牌标记授粉日期或在雌花一侧插标志牌。

【提示】 花期遇雨影响授粉，可用纸袋或小塑料袋套在第二天开放的雌花上以防雨；摘取第二天将要开放的雄花带回室内让其正常开花散粉；第二天清晨，摘下雌花纸帽，用松散毛笔蘸取花粉进行授粉。

2）选瓜留瓜。

① 留瓜节位。留瓜节位与品种、栽培方式、植株长势、坐瓜期气候条件等因素相关。一般选留主蔓第二朵或第三朵雌花坐瓜，节位为15～25节。早熟品种常选留10～15节主蔓第二朵雌花坐瓜；中

晚熟品种雌花出现节位较高，为达到果型大和丰产的目的，可选留第三朵雌花结瓜。如果品种不易坐瓜，则应选择 15 ~ 25 节第二朵或第三朵雌花坐瓜，以确保成功坐瓜。

【提示】 在主蔓第 2 ~ 3 朵雌花授粉时，侧蔓第 1 ~ 2 朵雌花可一并授粉。主、侧蔓均坐瓜的，则主蔓留瓜；主蔓未坐瓜的，则侧蔓留瓜；主、侧蔓均不坐瓜的，则重新留瓜。

② 留瓜数量。小拱棚西瓜单株留瓜数量与品种、种植密度、整枝方法和肥水条件有关。具体参考表 6-1。

表 6-1　小拱棚西瓜单株留瓜数量

密度/(株/亩)	果　型	整枝方法	肥水条件	单株留瓜数/个
500 ~ 600	小型瓜	三蔓或多蔓整枝	肥水条件较好	2 ~ 3
500 ~ 600	中小型瓜	三蔓或多蔓整枝	肥水条件较好	2
500 ~ 600	大型瓜	双蔓或三蔓整枝	肥水条件中等	1
700 ~ 800	中小型瓜	双蔓整枝	肥水条件中等	1

主蔓头茬瓜定个后，可在侧蔓选留二茬瓜。或头茬瓜收获后，摘除所有侧蔓，在主蔓基部截留 30 ~ 50cm 茎段，增加肥水，促其萌发新侧蔓，进行二次结瓜。

3）果实管理。西瓜果实管理主要包括松蔓、疏瓜、顺瓜、荫瓜、垫瓜、翻瓜和竖瓜等技术措施。

① 松蔓：授粉 5 ~ 7 天后，将幼瓜后压蔓土块去掉，或将暗压瓜蔓取出地面，以利于膨瓜。

② 疏瓜：定瓜后及时摘除基部和其他节位结的瓜。

③ 顺瓜：当瓜长至核桃大小时，将瓜下做成斜坡，将幼瓜顺躺在斜坡之上，以利其发育膨大。

④ 荫瓜：当后期温度较高时，可用稻草、麦秸或瓜侧蔓等覆盖西瓜，以防晒护瓜。

⑤ 垫瓜：采收前 10 ~ 15 天开始垫瓜，即多雨季节或地区应在瓜

下垫麦草或草圈，防瓜腐烂。

⑥ 翻瓜：采收前 10 ~ 15 天开始翻瓜，通常每隔 2 ~ 3 天翻 1 次，每次反转 90°左右，并顺一个方向翻转，一般翻转 3 ~ 4 次瓜面即可色泽均匀。

⑦ 竖瓜：采收前 4 ~ 5 天，果实八成熟以上时，将瓜竖立，可使其发育更趋圆整（图 6-9）。

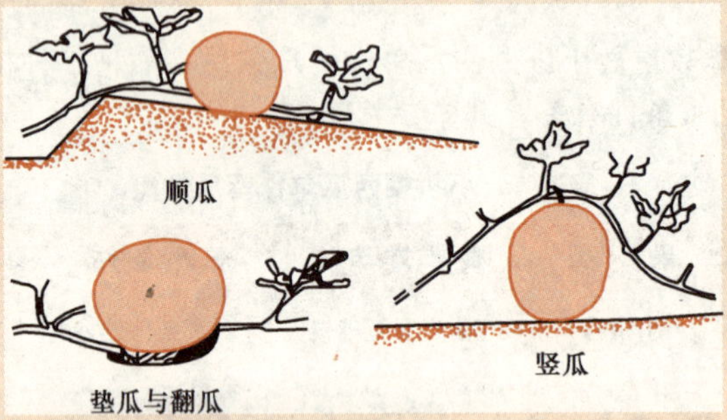

图 6-9　西瓜的果实管理

【提示】 翻瓜宜在傍晚进行，清晨、雨后或浇水后不宜翻瓜，以免果柄折断落瓜。阴雨天较多时，应增加翻瓜次数。

（5）适期采收

1）采收的原则。西瓜成熟度与其商品品质密切相关。采收过早，果实糖分尚未完全转化，含糖量低，色泽差，风味差；采收过晚，果实过于成熟，质地绵软，含糖量下降，食用品质降低。一般当地销售西瓜，九成熟时要适时采收。外销西瓜可于成熟前 3 ~ 4 天，八成熟时采收。

2）判断西瓜成熟度的标准。

① 雌花开放至成熟时间。在一定的栽培环境和条件下，每一品种的成熟期基本固定。一般小果型品种 25 ~ 26 天，早、中熟品种需 30 ~ 35 天，晚熟品种 40 天以上成熟。可采用挂牌记录开花坐果日期或插标志牌作为判断果实成熟度的依据。

【注意】 当膨瓜期光温条件较好时，可提早 2～3 天成熟，连续阴雨或低温寡照，成熟期推迟。

② 果实形状特征。果面花纹清晰，表面具有光泽，脐部和蒂部收缩，均为西瓜成熟特征。

③ 果柄和卷须形态。果柄茸毛稀疏或脱落，坐果节位卷须自然干枯 1/2 以上为成熟标志。

④ 弹瓜声。用手指弹西瓜，发出浊音的为熟瓜，声音清脆的为生瓜，声音沙哑的为过熟瓜。

⑤ 果实比重。一般生瓜比重为 1.0，熟瓜比重为 0.98，过熟瓜比重为 0.95。将瓜放入水中，有 1/20～1/10 露出水面的即为熟瓜。

第七章
西瓜塑料大棚栽培技术

西瓜塑料大棚栽培所处季节气候相对稳定，光热条件较好，西瓜整个生育期均在多层和单层覆盖下进行，因此早熟效应更为明显，早春茬一般比小拱棚双膜栽培提前10～20天采收，经济效益更为显著。西瓜塑料大棚栽培主要包括早春茬、越夏和秋延迟茬3个茬口。

第一节　西瓜塑料大棚早春茬栽培技术

一　品种选择

可选用早熟或中早熟、中果型品种，并要求选用的品种较耐低温弱光和阴湿环境，适宜嫁接栽培，早熟、丰产、皮薄且坚韧耐储运以及抗病等。目前生产上采用的主要品种有早春红玉、小兰、黑美人、京欣系列、墨妃、金星、丰收等。

二　西瓜栽培用塑料大棚类型

华北地区西瓜生产用塑料大棚主要有竹木结构简易大棚和镀锌钢管拱架结构大棚，如图7-1所示。

三　茬口安排和播种期

西瓜塑料大棚栽培的茬口一般为早春茬和秋延迟茬。两个茬口的农事时间安排见表7-1。

图 7-1　竹木结构大棚和镀锌钢管拱架结构大棚

表 7-1　塑料大棚西瓜茬口

茬　口	播　种　期	定　植　期	采　收　期
早春茬	1 月中旬 ~2 月上旬	3 月上旬	5 月上旬
秋延迟茬	7 月上中旬	7 月下旬 ~8 月初	9 月下旬 ~10 月初

四 栽培管理

1. 培育壮苗

具体育苗时间应依据各地气象条件和栽培设施而定。华北地区多采用“三膜一苫”的保温方式，即大棚里套小拱棚，小拱棚内覆地膜，小拱棚外覆盖草苫。也可采用大拱棚内搭建简易拱架覆盖第二层薄膜，第二层膜下套小拱棚，小拱棚内覆地膜的方式，即 4 层覆盖（图 7-2）。

图 7-2　拱棚内搭建第二层拱架覆膜

在上述设施条件下，可于 1 月中旬育苗，苗龄 30 ~ 35 天，2 月中旬定植，4 月底或 5 月初瓜熟上市，可比露地栽培提早 45 天上市，效益较好。如果保温不能满足要求，可于 2 月中旬育苗，3 月下旬定植，可比露地栽培提早35天上市。

提倡以葫芦、瓠瓜、南瓜作为砧木嫁接育苗，可有效防治土传病害。不同嫁接方式的瓠瓜砧西瓜苗，如图7-3所示。用穴盘或营养钵育苗时应在大棚内添加小拱棚、远红外电热膜、电热线等保温、增温设施（图7-4）。

图7-3　不同嫁接方式的西瓜苗

图7-4　育苗增温设施

苗期管理不当易发生高脚苗、沤根、小老苗等问题，因此应注意加强温度、湿度和光照管理。温度应根据幼苗生长特点和对环境条件要求实行分段管理。从播种至子叶出土，苗床土温应保持在28～30℃，夜间不能低于16℃。从70%～80%的种子破土出苗到第一片真叶出现，白天温度保持在20～25℃，夜温15～18℃。第一片真叶展开后，白天温度保持在25～28℃，夜温10～18℃。定植前7～10天，白天温度降为18～22℃，夜温控制在16～18℃，进行降温炼苗。

苗期还应严格控制水分，定植前数天，应停止浇水干旱炼苗。同时，注意增加光照，必要时可用高压钠灯进行补光（图7-5）。

图7-5 市场上常用的补光钠灯

【提示】 西瓜苗期易发生病毒病、猝倒病以及蚜虫、斑潜蝇等病虫害，应及时喷施72.2%霜霉威盐酸盐可湿性粉剂800倍液、29%玛呱·乙酸铜可湿性粉剂500倍液和10%吡虫啉可湿性粉剂4000倍液，以预防为主。

2. 定植前的准备

（1）整地、施肥 定植前应精细整地，重施基肥。每亩施入充分腐熟的优质农家肥4000～5000kg或者稻壳鸡粪或鸭粪3500～5000kg、三元复合肥50～100kg和饼肥150～200kg，忌施含氯化肥。有机肥一半撒施，另一半和化肥集中施于定植沟内。

（2）做垄（畦） 大棚吊蔓栽培西瓜可采用小高垄或高畦栽培，垄向或畦向以南北向为宜。垄距1.4m，垄宽60cm，垄高20cm，株距40cm，一垄双行定植（图7-6）。

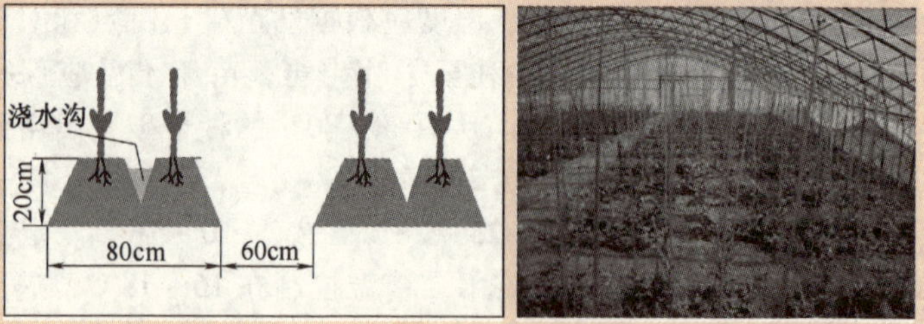

图 7-6　畦面

吊蔓和爬地栽培西瓜也可根据大棚特点采用平畦栽培，畦宽 2m，南北走向，瓜蔓东西对爬（图 7-7）。

图 7-7　西瓜平畦栽培

（3）适期定植　西瓜苗 3～4 片真叶，苗龄 30～35 天，棚内气温稳定在 10℃以上，10cm 地温稳定在 13℃左右时即可定植。吊蔓栽培株距一般在 40cm 左右，定植密度为 2000 株/亩。爬地栽培三蔓整枝的株距一般在 50cm 左右，定植密度为 700～800 株/亩。定植前在畦面铺设地膜，定植后封好定植孔，必要时架设小拱棚（图 7-8）。

图 7-8 大棚内套小拱棚

3. 定植后管理

（1）温度、湿度和光照管理 西瓜大棚栽培应根据生育阶段和天气情况采用分段管理方法以促进其正常生育和结果。定植初期采用多层覆盖方式使棚内温度白天保持在 28～32℃，夜间 15℃左右，但清晨短时间低温不能低于 10℃，以利于缓苗。发棵期白天保持在 22～25℃，超过 25℃应开始少量放风，超过 30℃时及时加大放风量降温，夜间温度保持在 15℃左右。伸蔓期白天温度维持在 25～28℃，夜温维持在 15℃以上。开花坐果期需要较高温度，白天棚温需保持在 30℃，夜温保持在 15～20℃，昼夜温差 15～20℃。果实膨大至成熟前需要较高温度和较大的昼夜温差以利于果实膨大和含糖量增加，但在此期间白天温度不应超过 35℃，夜温超过 18℃则应将棚边膜掀开，昼夜通风，以加大昼夜温差（表 7-2）。

表 7-2 大棚西瓜不同生育时期适温指标

生育时期	白天温度	夜间温度	清晨温度
定植初期	28～32℃	15℃左右	不低于 10℃
发棵期	22～25℃	15℃左右	
伸蔓期	25～28℃	15℃以上	
开花坐果期	30℃	15～20℃	
膨瓜期	不超过 35℃	不超过 18℃	

西瓜整个生育期棚内空气相对湿度除定植时要求达到 80% 以上外，其他时期均以 50%～60% 为宜。因此，应选择晴好天气进行膜

下暗灌（图 7-9），适当控制灌水量，灌后及时加大通风量。提倡浇小水，增加浇水次数，防止大水漫灌。

西瓜属于喜光作物，要求较强的光照条件。因此，应采用透光性好的无滴棚膜，并经常保持膜面干净；在保证不同生育阶段所需温度的前提下，应及时揭盖并拆除棚内多层透明覆盖物，以增加光照。透明覆盖物的揭盖由内而外进行，以每揭一层农膜后下一层膜内温度不降低为原则。随着外界气温的回升，应从伸蔓后拆除大棚内小拱棚开始，由内而外逐渐减少覆盖层次，当棚温稳定在 15℃ 以上时，可全部拆除大棚内覆盖物。

图 7-9　膜下暗灌

西瓜植株也要及时整枝、打杈、打顶和落蔓等使顶端叶片距离棚顶 30～40cm（图 7-10）。

（2）肥水管理　西瓜早春茬栽培前期棚内温度较低，因此应尽量控制浇水，以利提高地温。幼苗期除非土壤过干，一般不浇水。伸蔓后进行第一次浇水，可促进瓜秧健壮生长。开花坐果期不宜浇水，以防止水分过多造成花粉后期发育不良而影响受精，同时水分过多易造成植株徒长而化瓜。坐果后，随外界温度升高和幼瓜膨大加快，西瓜需水量大增。当幼瓜长至鸡蛋大小时应小水勤浇，保持土壤湿润，此期一般每隔 7～8 天浇水 1 次。采收前 7 天左右停止浇水，以促进西瓜成熟和增加含糖量。

图 7-10　西瓜整枝

【提示】 西瓜幼苗期如果出现顶端叶片变小，叶色灰暗，中午时分叶片变软现象，则是缺水症状。此期需水量少，可及时进行点浇或小水暗浇，每株500~1000mL。

大棚西瓜栽培应在施足基肥的基础上，根据植株各时期的需肥特点和长势进行追肥。基本原则是前期轻施发棵肥，伸蔓期施好促蔓肥，后期重施坐果肥。苗期应控制施肥，伸蔓期结合浇水每亩冲施或穴施三元高钾复合肥20~30kg。当果实长至鸡蛋大小时，结合浇水每亩冲施或穴施三元复合肥25~30kg、尿素5~6kg、硫酸钾5kg左右，以促进膨瓜。果实发育后期，为防止叶片早衰，可于晴天下午5：00左右或阴天叶面喷施0.3%尿素和0.3%磷酸二氢钾混合液1~2次，时间间隔7天左右。

【提示】 西瓜是否需要追肥还应根据土壤肥力基础和长势确定，如果顶端叶片长势变弱、变小，则是脱肥症状，应及时冲施速效肥料。另外，西瓜花期喷施硼肥有利于坐瓜。

（3）整枝、授粉和选瓜吊瓜 北方大棚栽培西瓜多以匍匐生长为主，高档拱棚则以吊蔓生长为主，因此生产上整枝多以三蔓整枝较为普遍。三蔓整枝法是除留主蔓外，另从主蔓基部选择两个健壮侧蔓留作副蔓，其余侧枝全部摘除。如图7-11所示。当瓜蔓长至35~40cm时，吊蔓栽培西瓜应及时吊蔓，并及时摘除卷须和引蔓。坐瓜节位较高时，还应及时落蔓以方便管理。此外，种植密度较大时还可采用双蔓整枝法，爬地匍匐生长株行距较大时可采用四蔓整枝法。

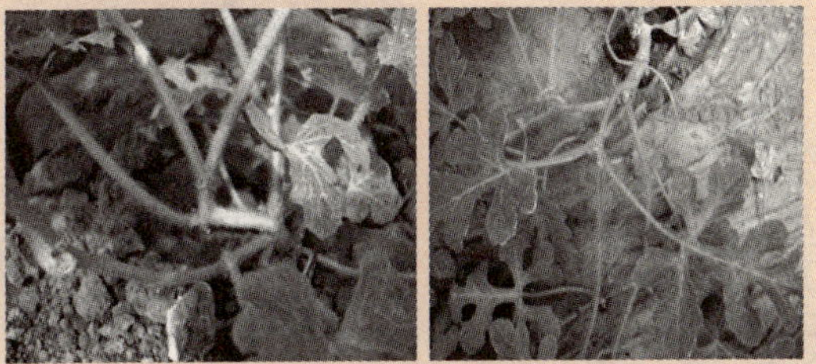

图7-11 西瓜三蔓和四蔓整枝

早春大棚栽培西瓜必须进行人工授粉或采用熊蜂授粉方可坐瓜。应注意阴雨天气空气湿度较大时，花粉粒易吸水破裂，从而受精不良，因此晴天后应及时补授粉。授粉于每天上午6：00～10：00进行，最好是8：00～9：00时，雌花和雄花开放后，从田间采集雄花，露出雄蕊，将花药对准每株第2和第3雌花柱头轻轻涂抹，使花粉均匀地落到柱头上（图7-12）。

图7-12 人工授粉和熊蜂授粉

【禁忌】 0.1%氯吡脲（坐瓜灵）30～50mL兑水1L喷施授粉西瓜子房或涂抹果柄可提高坐瓜率和膨瓜速度，但不可替代授粉。还应注意施用适期，不可在西瓜接近定个时涂抹瓜皮或施用浓度过大，以免引发大量裂瓜。

坐瓜后，综合考虑果实发育程度和成熟期早晚，早春茬西瓜应优先选留第二个瓜。第二个瓜若坐瓜不良可选留第三个瓜。然后摘除其余幼果，以利于果实发育。当果实重约0.5kg时，应及时用塑料网兜吊瓜，以防坠瓜（图7-13）。

图7-13 塑料网兜吊瓜

（4）采收 参考第六章西瓜小拱棚栽培技术。

第二节　塑料大棚西瓜其他茬口栽培技术要点

一　塑料大棚夏播西瓜栽培技术要点

塑料大棚夏播西瓜栽培是夏季播种，中秋节或国庆节收获的一个茬口安排，栽培效益较好。但本茬口西瓜开花坐果期恰处高温多雨季节，植株易徒长，花粉活力下降，不易坐果，尤其花期遇阴雨天气，花粉粒易吸湿破裂，人工授粉也难坐果，同时病虫草害也极易发生蔓延，管理难度较大，生产上需采取多种技术措施加强田间管理，克服连作障碍和环境逆境方能取得较好栽培效果。

1. 品种选择

宜选用耐高温高湿，植株长势中等，抗病性好，尤其是抗病毒病强的中早熟品种，如京欣系列、丰收系列品种等。

2. 适期播种

一般于6月下旬~7月上旬播种，生育期75~80天，多采用直播栽培，直播苗如图7-14所示。也可穴盘育苗移栽，苗龄15天左右，2~3叶1心时即可定植。

图7-14　西瓜直播苗

3. 浸种催芽

种子消毒浸种后进行催芽，2~3天即可发芽，当胚根长至5mm时进行播种。具体操作方法参考第五章西瓜育苗技术。

4. 整地、播种

结合整地每亩施农家肥6000~7000kg或稻壳鸡粪4000~5000kg、复合肥20~30kg和饼肥200~400kg。

起垄栽培或平畦栽培均可。起垄栽培时垄底宽90cm，垄面宽80~85cm，垄高15~20cm，按株距40~50cm挖播种穴。平畦栽培时可采取大小行播种，小行距60cm，大行距80cm，株距40cm。播种穴可喷施50%多菌灵可湿性粉剂500~800倍液或75%百菌清可湿性粉剂500~800倍液灭菌消毒。

选择晴天上午，每穴播种1粒发芽较好的西瓜种子，覆土1.5~

2cm，浇透水。播后覆盖银灰色农膜或黑色农膜，分别具有避蚜和防草功能。

5. 田间管理

（1）温度管理 根据西瓜生育的适温指标进行管理。播后苗前保持白天温度25～30℃，夜温20～25℃。发棵期注意加强通风，保持白天温度不超过32℃，夜温15～20℃，此期棚温超过32℃时及时撩起大棚裙膜放风，以免植株徒长。伸蔓期白天温度控制在25～30℃，夜温15～20℃。坐瓜期间白天温度控制在30℃，夜温15～20℃，昼夜温差10～15℃。

【提示】 本茬西瓜生育中前期处于高温季节，实际温度很难达到适温指标，植株易徒长，因此可通过覆盖遮阳网、昼夜通风、浇水等方法尽量降低温度。果实成熟期当外界夜间气温降至18℃左右时，可闭棚保温，保持适宜棚温和温差。

（2）肥水管理 夏播西瓜植株生长迅速，生育期较短，肥水管理与春秋播种西瓜有所不同。在施足基肥的基础上，前期（开花坐果前）应控制肥水用量，尽量少施或不追肥，防止植株徒长，幼瓜坐稳后根据植株长势，合理水肥运筹；坐果后期为防止植株早衰，可喷施叶面肥。可参考如下管理：前期不宜浇水过多，如果土壤干旱可浇小水；伸蔓期视苗情随水追施复合肥20～30kg/亩；开花坐果期控制肥水，以防化瓜；当幼瓜长至鸡蛋大小时，随水冲施复合肥30kg/亩或尿素15kg/亩、硫酸钾15～20kg/亩，促瓜膨大；之后每隔7～10天浇水1次；成熟期喷施叶面肥，采收前5～7天停止浇水。

6. 病虫害防治

夏季高温多雨季节西瓜易发病毒病、枯萎病、蔓枯病、白粉病、蚜虫、叶螨等病虫害，应注意预防，具体参考第十二章西瓜病虫害诊断与防治技术。

7. 其他管理技术

参考本章第一节西瓜塑料大棚早春茬栽培技术。

二 塑料大棚秋延迟茬西瓜栽培技术要点

西瓜大棚秋延迟茬口是指在夏末秋初播种定植，前期在露地生长发育一段时间，深秋在大棚覆盖下坐瓜并成熟或者整个生育期均在大棚内完成的一种栽培方式。

该茬口前期高温多雨，病虫害较多，不利于壮苗培育。雨季过后较短时间内光温条件有利于西瓜生长发育，但膨瓜期常遇低温，光照逐渐减弱，不利于果实发育和糖分积累，导致产量和品质下降。

西瓜大棚秋延迟栽培过程中应注意品种选择、培育壮苗、前期防控高温高湿、适时覆盖防寒等技术环节。

1. 品种选择

西瓜大棚秋延迟栽培应选择耐高温高湿、抗病、雌花着生较密、坐瓜能力强、具有一定低温耐性、果皮薄韧、耐裂性好的早熟或极早熟品种，如小红玉、小兰、黑美人、郑杂6号、庆农3号等。

2. 培育壮苗

秋延迟西瓜一般在7月中下旬~8月上旬播种，8月中下旬定植，11月收获。苗龄15~20天，以2~3叶1心时定植为宜。

播种后应注意加强苗床管理，育苗设施加装防虫网，必要时辅以遮阳网、风机等遮光、降温，加强苗期病虫害防治等，详细参考第五章西瓜育苗技术。

3. 整地施肥

秋延迟大棚西瓜可采用小高垄吊蔓栽培方式或平畦爬地栽培方式，畦宽2m，沟宽50cm，定植株距40cm。畦（垄）面覆盖银灰色地膜驱避蚜虫或覆盖黑色农膜防除杂草。

4. 定植后管理

1）定植后及时浇透水缓苗。同时，将大棚裙膜卷起，昼夜放风降温，必要时于中午外覆遮阳网。

2）随气温下降，从9月中下旬开始利用裙膜夜间闭棚保温，白天进行通风换气，保持西瓜阶段发育适温。

3）采用双蔓整枝，主蔓第2或第3雌花授粉留瓜，疏瓜后每株留1个瓜，坐瓜后主蔓瓜前留10叶摘心。

4）膨瓜期注意追肥浇水。根据西瓜阶段发育适温指标，协调好保温和通风降湿。爬地栽培的需翻瓜2~3次，吊蔓栽培的需及时吊瓜。

5. 富硒西瓜生产技术要点

1）硒元素对人体的作用。硒是人体必需的微量营养元素，是部分重金属元素的天然解毒剂，能有效提高人体免疫机能，对防癌、抗癌能发挥重要作用。

2）富硒西瓜标准。在西瓜生产过程中，通过硒制剂的施用，使新鲜西瓜果实的硒标准含量符合中国营养学会推荐的富硒水果最低含硒量指标（高于10μg/kg）和国家GB 2762—2005《食品中污染物限量》水果含硒最高限量的规定（低于50μg/kg）。

3）喷施硒肥。生产富硒西瓜，可选用有机硒叶面肥进行喷施，硒元素含量不低于1.5%，如"瓜果型锌硒葆"等。用法："瓜果型锌硒葆"21g，加卜内特5mL或好湿等有机硅展着剂1.25mL，兑水15L，充分搅拌均匀，然后均匀地喷洒到叶片正反面及西瓜表面，以不滴水为度。一般在伸蔓期、开花期、坐果期及果实膨大期分别施硒1次，每亩每次喷施硒溶液30kg。

喷施应在清晨和傍晚温度较低时进行，高温下不宜喷施；硒肥可与酸性、中性农药配施，但不宜与碱性农药混合使用。施硒后4h之内遇大雨冲洗，应补施1次。采收前20天停止施硒。新鲜西瓜果实硒标准含量为10~50μg/kg。

4）根施硒肥。生产上还可结合施肥根施纳米硒植物营养液，通过西瓜光合作用将纳米硒吸收并转化为安全的生物有机硒，有机转化率可达80%以上。

6. 硅肥施用技术要点

近年来，硅肥在蔬菜生产上的应用呈增加趋势，为让西瓜种植朋友了解硅肥的基本特点和用法，本节简要介绍常见硅肥的施用技术。

（1）硅肥对蔬菜的生理作用 硅肥已被国际土壤学界确认为是继氮、磷、钾之后的第四种植物营养元素，具有较好的增产、抗病、抗逆的作用，称为保健元素。其主要生理作用如下。

1）吸收硅元素后植株叶片、叶鞘等可形成"胶质—双硅层"，细胞壁增厚，从而显著增强对病虫害的抗性水平。

2）影响对氮磷钾及微量元素的吸收。

3）调节植物光合作用和蒸腾作用。

4）提高植物抗倒伏能力和抗寒性。

5）增强植物对病虫害的抗性水平，如西瓜猝倒病、白粉病等。

6）具有较好的增产和改善品质的效果，如辣椒、西瓜果皮硬度增加，光亮度增加等。

（2）现有硅肥的分类和特点

1）根据原料来源和有效硅含量，可将其分为高效硅肥和熔渣硅肥。

① 高效硅肥：由水玻璃或石英砂和碳酸钠高温下反应生成，主要成分是硅酸钠和偏硅酸钠的混合物，水溶性，有效硅质量分数可达50%～60%。

② 熔渣硅肥（包括炉渣硅钙肥、粉煤灰硅钙肥等）：主要指用钢渣、炉渣、粉煤灰等工业废渣生产的硅肥，多为难溶性，有效硅质量分数可达10%～35%。

2）按硅素的溶解性，硅肥又可分为水溶性硅肥和难溶性硅肥2类。

① 水溶性硅肥：主要是硅酸钠盐和硅酸钾盐，有效硅含量较高，具有速效性，但施入土壤后易淋失，肥效短。

② 难溶性硅肥：主要是硅酸钙盐，有效硅含量较低，具有迟效性，施入土壤后硅释放较缓慢，肥效长，如偏硅酸钙的施用量为100kg/亩，其残效可达4年以上。

3）水溶性硅酸盐的用法介绍（以“高喜宝”离子硅酸水溶肥为例，如图7-15所示）

每隔10～15天使用1次。

西瓜育苗期：1500倍液叶面喷施（预防立枯病，促进根部发育和生根）。

西瓜伸蔓期：1000倍液叶面喷施（促进生根，预防各种霉菌病，增强光合作用）。

西瓜膨瓜期和成熟期：1000倍

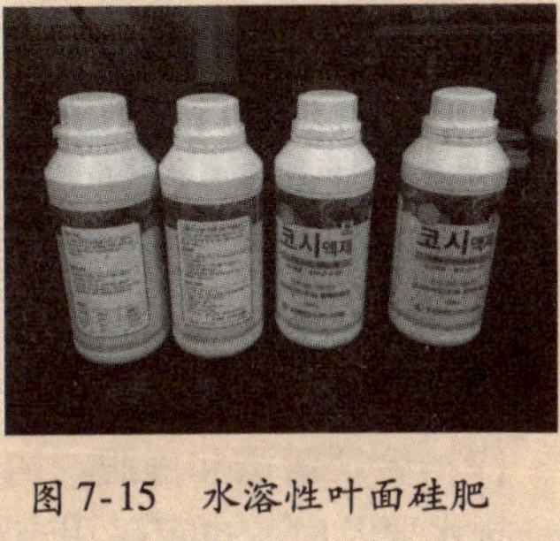

图7-15　水溶性叶面硅肥

液叶面喷施（增加收获产量、提高保鲜耐储性和耐裂性、增加糖度）。

7. 其他管理措施

参照本章第一节大棚西瓜早春茬栽培技术。

三 大棚盐碱地西瓜栽培技术要点

西瓜的耐盐能力较强，一般土壤总含盐量在0.2%以下时均可种植西瓜。棚室经多年连作后由于化学肥料的过量施用易产生次生盐渍化，同时部分盐渍化地区也有生产西瓜的习惯，如果能在轻盐渍化地区发展棚室西瓜栽培有助于增加西瓜的产出效益。本节着重介绍盐碱地西瓜栽培技术要点。

1. 西瓜植株耐盐特点

西瓜植株在不同生育阶段的耐盐性存在差异，苗期耐盐性较差，成株耐盐力强，因此盐碱地西瓜栽培前期管理较难，需采取多种技术措施助其立苗，争取丰产。

2. 栽培技术要点

（1）秸秆还田 秸秆还田可明显改良土壤的结构，提高土壤中的有机质含量，增强土壤微生物和土壤酶活性，增加土壤肥力，改良盐碱地效果明显。

（2）增施有机肥 盐碱地土壤的有机质缺乏，土壤易板结，增施有机肥可改善土壤结构，提高肥力的持久性。

（3）合理整地、做畦 整地、开种植沟不宜过深，以35cm为宜，以防盐分上升。做畦要短，以利于浇、排水。畦面要平整，以免地面返盐。

（4）播前浇透水 直播西瓜播前应浇透水，播后覆草或秸秆减轻返盐，地膜覆盖栽培防盐效果好。

（5）定植后大水压盐 提倡育大苗移栽方法，定植时浇足定植水，冲洗盐分，减轻返盐程度。

（6）加强中耕 苗期经常中耕松土，防止地面板结，减轻水分蒸发和返盐。

（7）合理灌溉和施肥 可采用沟灌洗盐的方法浇水，灌溉要均匀，排水要及时。也可采用滴灌浇水技术。肥料施用宜多施有机肥，减少化肥用量。

(8) 重盐碱地块立苗困难 重盐碱地块需采用无土栽培和滴灌技术。

第三节 棚室西瓜连作障碍克服技术

重茬病害（又称连作病害）是指因同一作物在同一地块长期耕种所带来的病害，包括因连作而导致土壤营养物质不平衡等原因引起的生理性病害以及因病原菌发生严重而导致的病理性病害，一般瓜类作物连作3年以上即发生严重连作障碍。

西瓜为不耐连作作物，但棚室西瓜生产因设施的固定性和栽培的高效性需经常连作，多者一年即连作3茬，常年连作导致西瓜病理性和生理性病害多发，产量和品质下降，轻则减产10%～20%，重则减产30%～40%，有时甚至绝收。尤其土传病害枯萎病的发生易造成瓜类作物的大面积受害，甚至全田死亡。因此，在西瓜棚室栽培上应采取多种技术措施克服重茬病害，以确保持续增产增收。

一 西瓜重茬病害的产生原因

1. 病原微生物传播和积累

连作土壤中土传性病原菌积累较多，特别是枯萎病病菌等病源物的积累，容易发生病害。

2. 土壤矿物质营养元素缺乏

西瓜连作对土壤氮、磷、钾等营养元素的不均衡消耗，易造成土壤必需矿物质营养含量降低和失去平衡，致使植株正常的生长发育因矿物质营养缺乏受到影响。

3. 土壤理化性质改变

常年连作可改变土壤耕层结构，造成土壤板结，酸化、盐渍化加重。土壤的理化性状恶化不利于作物根系的正常生长。

4. 作物自毒作用

前茬西瓜作物残茬腐解物有利于病原微生物的生长和繁殖，从而加重了重茬病理性病害的发生和危害。此外，前茬瓜类根系的某些分泌物具有自毒性，能够抑制作物自身的生长。

二 棚室西瓜重茬综合防控技术

1. 农业措施

（1）选用抗性品种 如京欣系列、郑抗系列等，具体品种选择应根据当地市场及生产经验判断，选择已在当地示范推广的品种。

（2）嫁接育苗 西瓜嫁接育苗是克服重茬病害的关键措施之一。一般采用与当地主栽西瓜品种亲和力强的瓠瓜、南瓜等作为砧木。也可选用抗病的普通西瓜作为砧木，对品质和风味无影响。具体嫁接方法参照第五章西瓜育苗技术。

（3）轮作换茬 西瓜忌连作，生产上应尽量与非瓜类作物轮作。在棚室越夏茬西瓜栽培效益相对低的情况下，可考虑与糯玉米、甜玉米等禾本科经济作物轮作，栽培效益良好。

（4）适当深耕 深耕宜打破犁底层，耕深25cm以上。生产上宜冬前深耕，若结合进行冬灌效果更好。

（5）错行种植 连作西瓜种植行尽量与上一年种植行错开位置，争取间隔距离60cm以上。

（6）配方施肥 在测土基础上根据西瓜的养分需求规律合理配方施肥，适当增施微量元素。微量元素的补给是解决重茬栽培土壤矿物质营养含量降低和失去平衡的重要手段。西瓜重茬栽培微量元素参考施用量为硫酸铜1kg/亩、硫酸亚铁1kg/亩、硫酸锰0.5kg/亩、硫酸锌0.25～0.5kg/亩、硼砂0.5kg/亩、钼酸铵0.25～0.5kg/亩。微量元素施用一般可于移栽前随基肥施入或在开花结果期叶面喷施。

（7）增施有机肥 有机肥肥效缓慢，但养分全面，西瓜生产上提倡重施有机肥。一般地力可每亩施优质圈肥5000kg、鸡粪500kg（鸡粪须用辛硫磷喷拌，农膜覆盖堆放7天）或采用小麦、玉米等作物秸秆还田。秸秆还田可以有效改善土壤理化性状，减缓土壤次生盐渍化，增加土壤保肥蓄水能力，还能起到强化微生物相克的作用，对防治和抑制有害菌效果很好。有条件的地区还可推广应用秸秆发酵堆技术。

（8）精细管理 田间管理上应科学浇水，通风排湿，合理温度管理，采用高垄覆膜，膜下暗灌技术以及合理整枝，及时摘除病叶、病果，清除杂草等。此外，爬蔓栽培西瓜整枝压蔓时尽量减少伤口，压蔓时以明压为好，避免产生不定根，减少枯萎病侵染。

(9) 推广有机生态型（有机基质）**无土栽培模式** 此种模式栽培的显著特点在于植株的生长发育完全与土壤隔离（彩图4）。将有机基质无土栽培技术应用在棚室西瓜生产上，能成功地排除西瓜种植不能连作生产的障碍。

2. 物理防治

(1) 物理防虫 夏季利用防虫网防虫和利用遮阳网遮阴、降温。另外，根据昆虫的趋黄性、趋蓝性和趋光性等特点，可在棚室内悬挂黄板、蓝板或黑光灯等诱杀成虫，以减轻病虫害传播的途径。

(2) 高温闷棚 定植前高温闷棚对霜霉病、白粉病、疫病等主要病害病原菌有很好的杀灭作用。方法：选晴天上午浇水后闭棚，待棚温达46~48℃后，持续2h，之后开始慢慢打开风口，闷棚后应加强水肥管理。

3. 化学防治

(1) 种苗处理 对可能带菌的种子必须进行种子消毒。播种前，先将种子在冷水中预浸3~4h，然后在55℃温水中浸15min或在50℃温水中浸30min，再放入冷水中冷却，晾干后拌入微肥进行播种；或采用50%多菌灵可湿性粉剂和50%福美双可湿性粉剂各1份，加泥粉3份，混匀后，用种子重量的0.1%拌种，拌药时加入微肥。详细种子消毒方法参考第五章西瓜育苗技术。

【幼苗蘸根】 瓜苗定植前用30%噁霉灵可湿性粉剂600~800倍液蘸根。

(2) 育苗基质消毒 已消毒育苗基质无须处理，育苗营养土则需播前消毒，具体方法参考第五章西瓜育苗技术。

(3) 棚室消毒 可用45%百菌清烟剂、霜脲·锰锌烟剂或杀毒矾烟剂250~350g/亩，傍晚闭棚后均匀点燃，第二天早晨放风排烟以杀灭病菌，每7~10天熏烟1次，连熏2~3次。也可在闷棚后采用10%敌敌畏烟熏剂、15%吡·敌畏烟熏剂、10%灭蚜烟熏剂或10%氰戊菊酯烟熏剂等300~500g/亩杀灭虫害，每7~10天熏烟1次，连熏2~3次。

(4) 土壤处理 定植起垄前，对棚内土壤和棚面用30%噁霉灵可湿性粉剂2000倍液或50%多菌灵可湿性粉剂500倍液，加800倍液辛硫磷喷洒地表和棚面，进行杀菌灭虫。或者每亩穴施50%多菌灵可湿性粉剂3~4kg，并与土拌匀。

（5）病虫害综合防治 棚室连作西瓜生育期间病虫害防治应坚持“预防为主，综合防治”的植保方针，具体方法参照西瓜病虫害诊断与防治一章。

4. 生物防治

（1）天敌防虫 可利用有益天敌草蛉、丽蚜小蜂、捕食螨等防治多种害虫。

（2）选用抗重茬剂 西瓜田常用抗重茬剂有重茬1号、重茬EB、重茬灵、抗击重茬、CM亿安神力、泰宝抗茬宁以及“沃益多”生物菌剂等。西瓜常用抗重茬剂作用特点与施用技术见表7-3。

表7-3 西瓜常用抗重茬剂作用特点与施用技术

名称	剂型	作用特点	施用方法
重茬1号	微生物菌剂，集氮、磷、钾、微量元素活化为一体	抑制病菌，抗病害；活化养分，营养全面；疏松土壤，改善土壤环境；促根壮苗，提质增产	①拌种：种子用清水浸湿，捞出控干后，将药剂撒在种子上拌匀，阴干后播种。②药剂拌土或拌肥，均匀撒于种子沟或全田撒施。③灌根：药剂用水稀释后，将喷雾器去喷嘴灌根或随水冲施
重茬EB	纯生物制剂	含多种有益微生物，可疏松土壤，活化养分；抑制有害病菌抗重茬，提高作物免疫力，使西瓜少得或不得重茬病	每亩用2kg与细土拌匀后撒施
重茬灵	生物叶面肥	内含多种有益活性菌群、脂类、糖类、抗生素及植物生长促进物质，兼有营养、抗病双重功效，一般能增产30%	每亩用100mL兑水稀释成800~1000倍液叶面喷施，每7~15天喷1次，共喷2~4次。喷雾要均匀，以叶面有水滴为度

（续）

名　称	剂　型	作用特点	施用方法
“沃益多”生物菌剂	纯生物制剂	产生多种活性酶类，可作用于根系，刺激根系分泌抗生素等大量代谢物和次生代谢物；可有效干扰根结线虫、真菌和细菌等土传病虫害的正常代谢；调节土壤pH趋中性；有利于土壤团粒结构形成和植物自身抗病机制增强	施用前加沃益多营养液激活3天，用水稀释至30kg，加适量甲壳素诱导。伸蔓期和坐果期随水冲施或用喷雾器去喷嘴灌根
抗击重茬	含微量元素型多功能微生物菌剂	活化土壤，改良品质；抑菌灭菌，解毒促生；平衡施肥，提高肥效；增强抗逆，助长促产	可作种肥或追肥，每亩用量1～2kg
泰宝抗茬宁	生物制剂	可杀菌抑菌，提高肥料利用率，调节土壤pH，疏松土壤防板结，促进根系发育等	可用0.25%的药剂拌种、50∶1土药混拌撒施或药剂500倍液灌根或冲施
CM亿安神力	复合微生物制剂	可改善土壤理化性质，抑菌杀虫，提高作物光合作用等	①蘸根、浸种：用100mL亿安神力菌液加水3L（30倍稀释）逐株蘸根，即蘸即栽。瓜种浸种则需2～8h。②用药剂500倍液灌根

【注意】 西瓜定植前土壤消毒与施用生物抗重茬剂不宜同时进行，以免有害和有益微生物菌同时被杀灭，降低作用效果。

第八章

西瓜日光温室栽培技术

第一节　西瓜日光温室冬春茬栽培技术

西瓜日光温室冬春茬是北方地区一年中最早上市的西瓜生产茬口。本茬西瓜生育早期常处于低温弱光环境，气候变化较大，因此生产管理难度较大，果实成熟期比在适宜季节栽培延迟2～3天，但比塑料大拱棚栽培提前20～30天上市，市场价格相对较高，经济效益显著。

一　品种选择

可选用较耐低温、弱光和阴湿环境，适宜嫁接栽培的早熟或中早熟、中果型品种。选用品种的全生育期为85～90天，从雌花开放到果实成熟需30天左右。

二　西瓜栽培用日光温室类型

华北地区西瓜生产用日光温室主要包括竹木结构简易温室和镀锌钢管拱架结构温室，如图8-1所示。

图8-1　竹木结构简易温室和镀锌钢管拱架结构温室

三 栽培管理

1. 培育适龄壮苗

华北地区西瓜日光温室冬春茬一般于12月下旬播种，嫁接育苗，2月中旬定植，4月上旬采收。西北地区一般在1~2月播种，2月下旬~3月上旬定植，4~5月采收。

冬春茬西瓜育苗和生育前期存在低温、弱光、棚内湿度过大等环境限制因子，因此生产上应采用具有加温、调湿、补光的专业育苗棚室进行种苗培育。在普通日光温室内育苗也应采用电热温床或远红外膜光热温床套小拱棚的方法进行，必要时增加高压钠灯进行补光。苗龄35~40天，3~4片真叶时即可定植。详细参考第五章西瓜育苗技术。

2. 定植前的准备

(1) 土壤和棚室环境消毒 日光温室多属连作地块，应结合翻地每亩施入20%地菌灵可湿性粉剂、50%多菌灵可湿性粉剂或70%甲基硫菌灵可湿性粉剂3kg。线虫发生地块应在翻地前撒施10%噻唑磷颗粒剂2~5kg/亩或5%阿维菌素颗粒剂3~5kg/亩防治。定植前5~7天傍晚时间每亩点燃百菌清烟剂200~250g、硫黄500g，然后闷棚进行棚室环境消毒，定植前通风换气。

(2) 整地和施肥 冬春茬西瓜生长期较长，应结合整地施足基肥。定植前每亩施入充分腐熟的优质农家肥5000~10000kg或者稻壳鸡粪或鸭粪3500~6000kg、三元复合肥60~100kg或磷酸二铵（或尿素）50kg、过磷酸钙50kg和硫酸钾20kg。其中2/3的化肥犁地前撒施，其余1/3垄下条施。

(3) 做垄（畦） 大棚西瓜栽培宜采用高垄覆膜，膜下暗灌技术。可在垄南北两端架设小铁丝矮拱架，拱架中央拉一条南北向细铁丝，然后上覆地膜（图8-2）。保温条件好的温室也可采用平畦栽培（图8-3）。

采用南北向大小行栽植，大行距80cm，小行距60cm，做成60cm宽的垄（垄上定植2行），垄高20~25cm，垄间搂成浅沟。并提前扣好地膜，促地温升高，当棚内10cm地温达到15℃时即可定植。

做畦　　覆膜

图 8-2　高垄

图 8-3　平畦

【提示】 冬春茬棚内地温较低，因此不宜采用黑地膜覆盖以免影响地温提高造成根系发育不良。同时，为减少棚内湿度和提高地温，生产上提倡温室内地膜全覆盖或操作行内铺秸秆。

（4）垄间铺设远红外电热膜　为防止西瓜低温沤根，可在种植垄沟间垂直铺设 10cm 宽远红外电热膜，以功率每平方米 110W 为宜，基本可以满足西瓜整个寒冷季节根部夜温需求，效果良好。

（5）栽培垄下铺设秸秆发酵反应堆　温室定植垄下铺玉米或花生秸秆和秸秆反应堆专用菌肥后，玉米秸在分解过程中产生二氧化碳气肥和热量，可以有效提高地温，改善土壤理化结构，提高作物抗逆性，减少土传病害发生，西瓜单产和含糖量增加显著，并可提前上市，因此生产上提倡秸秆反应堆发酵技术（图 8-4）。

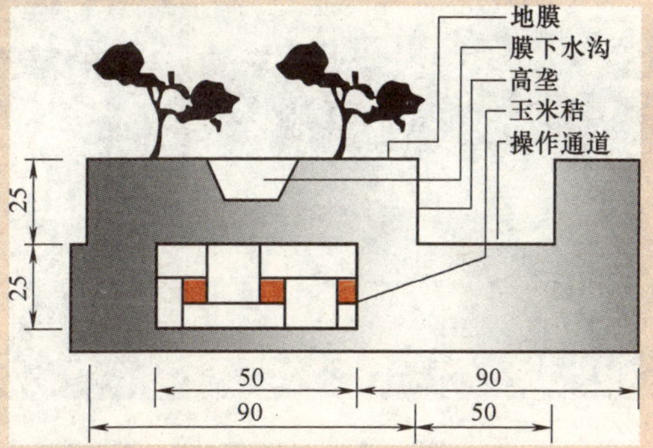

图 8-4　秸秆反应堆发酵技术（单位：cm）

秸秆反应堆发酵技术要点如下。

1）反应材料：每亩温室需秸秆 4000kg 和菌种 8～10kg。将菌种均匀混入 25kg 麦麸中，加水均匀搅拌至手轻握不滴水为宜。

2）操作步骤：在预定定植垄下开沟，宽 60cm，深 25～30cm。将玉米秸秆铺入沟中，踏实，厚度约为 30cm。将麦麸拌好的菌种均匀撒于秸秆上，轻拍秸秆，让菌种与下层秸秆均匀接触。然后在秸秆上方覆土 10cm，将覆土踏实后，保留畦埂，并顺沟浇透水。待水完全渗下后，在反应堆位置上方做 60cm 宽双高垄，结合做垄条施化肥。然后覆盖地膜，覆膜 10～15 天后反应堆开始启动，选择“寒尾暖头”天气及时定植并打孔。定植后用 14 号钢筋在垄上间隔 20cm 打孔，以穿透秸秆层为准，以通气散热（图 8-5）。

【提示】 在沟内铺设秸秆时厚度应均匀一致，以免秸秆腐烂后畦面不均匀下沉造成浇水困难，如果与滴灌技术结合则可解决上述问题。劳动力不足时，可于粉碎秸秆上撒麦麸菌种后结合整地一并翻于地下，也可起到一定效果。

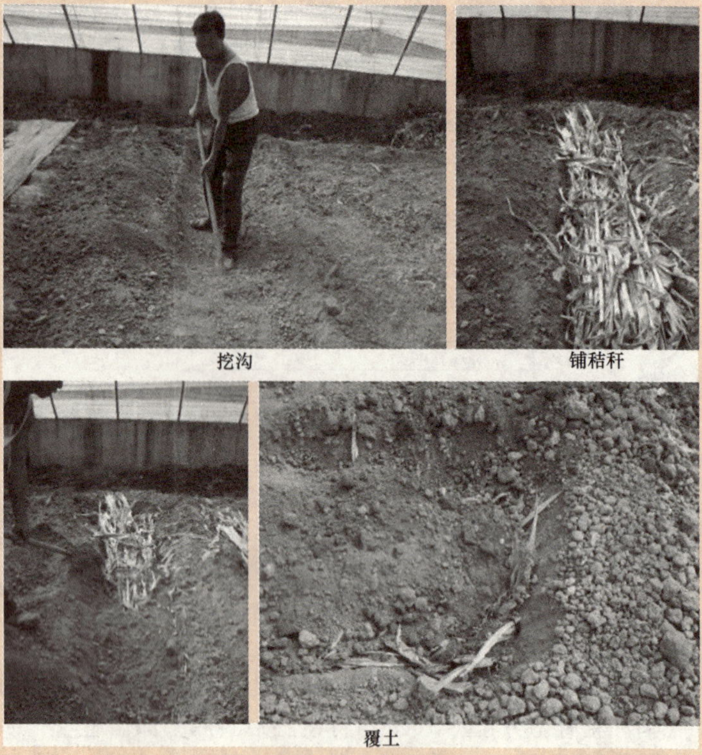

图 8-5　秸秆反应堆发酵技术

（6）适时定植与合理密植　在前茬的基础上，定植前 7 ~ 10 天扣棚闷棚。当温室 10cm 土温稳定在 13℃以上时即可定植。定植需在晴暖天气上午进行，按株距 45cm 挖穴放苗，定植时土坨与垄面齐平，顺暗沟浇水。每亩定植 2200 株左右。

定植后在种植垄上加设小拱棚，形成 3 层覆盖，小拱棚昼揭夜盖。

【禁忌】　在温室种植黄皮西瓜时应覆盖聚乙烯棚膜（聚氯乙烯膜对黄皮西瓜着色影响不良），种植绿皮品种时二者均可。

(7) 环境调控 西瓜栽培温室必须具备良好的采光、增温和保温性能，要求冬季早晨极端最低温度在8℃以上。冬春茬西瓜前期正处于低温和一年中光照最弱季节，因此环境调控应以增温、保温和增光为主，前期管理上要少通风、晚通风、早盖苫，调节合理湿度，并采取措施应对连阴天等不良天气。

1）温度管理。定植后5～7天闭棚保温，白天温度控制在28～32℃，夜温15～20℃，室内连续出现32～35℃高温时在顶部扒缝放风。棚温降至25℃时及时闭棚，15℃时覆盖草苫或保温被。实际上冬春茬前期棚内温度很难达到适温标准，温度管理一般前半夜保持在15℃以上，后半夜降到11～13℃，清晨最低温度应保持在10℃以上。进入结果期后，外界温度回升，白天温度可保持在30～35℃，夜温15～20℃，昼夜温差13℃左右。3月中旬以后，气温明显升高，可将小拱棚撤掉。温室西瓜不同生育时期适温指标见表8-1。

表8-1 温室西瓜不同生育时期的适温指标

生育时期	白天温度	夜间温度	清晨温度
定植初期	28～32℃	15℃左右	不低于10℃
发棵期	22～25℃	15℃左右	
伸蔓期	25～28℃	15℃以上	
开花坐果期	30℃	15～20℃	
膨瓜期	不超过35℃	不超过18℃	

温度调控主要通过揭盖保温被和通风进行。主要措施如下：

① 上午阳光照射前屋面，揭苫后温度不下降时应及时揭苫换气、散湿。

② 大风、雨雪、阴天等不良天气揭苫后温度明显下降可不揭苫，但应在中午前后短时揭盖草苫通风、降湿，并及时除雪。

③ 阴雨天连续5～7天骤然放晴，可采用揭晒“花苫”或“回头苫”方法防止植株失水萎蔫。

④ 应用卷帘机的温室，可先将草苫卷至温室棚膜中部，半小时后再逐渐将草苫卷至顶部。

极寒天气下应采用辅助设施增温和保温。主要措施如下：

① 在种植垄沟内添设远红外电热膜进行人工增温，可有效提高地温，防止西瓜沤根。

② 盖草苫或保温被后在其上再覆盖一层废旧“浮薄膜”，防雨保温（图8-6）。

图8-6　浮薄膜

③ 在缓苗期和伸蔓早期，在定植垄上加设小拱棚，拱棚内铺设地膜，地膜采取全地面覆盖。

④ 植株吊蔓后可在其上方适当位置加设薄农膜作为二层保温幕，通过以上多层覆盖方法进行保温。

2）湿度管理。日光温室空气相对湿度应保持在60%～70%。西瓜开花坐果后，尤其膨瓜期对湿度要求严格，湿度过大易造成病害多发，品质下降。湿度调节一般结合温度调控和通风换气进行。主要的降湿措施如下：

① 采用无滴膜。

② 浇水后根据天气情况及时加大通气排湿量。

③ 进入膨瓜期应加大排气量。

④ 果实成熟期若气温适宜，可进行昼夜通风。

3）光照管理。日光温室在冬季光照条件较差，应采取措施增加室内光照强度和光照时间。主要措施如下：

① 采用无滴PVC膜或EVA膜作为透明覆盖材料，并经常保持膜面清洁。

② 在满足室内温度的情况下，草苫或保温被应尽量早揭晚盖，延长透光时间。必要时，可采用沼气灯、高压钠灯补光。

③ 保温条件好的温室还可在室内北墙增挂镀铝反光幕，以增加温室后部光照。

④ 采取室内全地面地膜覆盖、膜下暗灌、适时通风换气等措施降低室内湿度，减少光线衰减。

⑤ 及时打去老叶、不需要的侧蔓和落蔓等改善冠层光照。

（8）肥水管理

1）缓苗期。定植后3～4天，选择晴天上午膜下暗灌缓苗水1次，使土壤相对含水量保持在80%左右。

2）伸蔓期。植株10叶龄时暗沟浇水1次，每亩冲施磷酸二氢钾20kg或三元复合肥20kg，保持土壤见干见湿。

3）开花前期。开花前如果土壤湿度适宜可不浇水，如果较干旱可浇花前水1次，以浇小水保持土壤湿润为宜。

4）开花坐果期。此期应严控浇水，以防植株徒长，导致落花落果。

5）膨瓜期。当幼瓜长至鸡蛋大小时，浇透水1次，结合浇水每亩冲施复合微生物肥25kg或磷酸二氢钾、尿素各20kg。瓜定个后不宜再施用速效氮肥。

6）低温下浇水不当易导致土温降低，引发沤根或生理性干旱。温室冬春茬西瓜在不同生长阶段的浇水时间和方法见表8-2。

表8-2　温室冬春茬西瓜不同生长阶段的浇水时间和方法

季　节	浇水时间	浇水方法
2月以前	晴天上午	浇小水，膜下暗灌，放小风
2月以后	晴天上午	可浇大水，逐渐加大通风量
4月后	晴天上午或傍晚	可浇大水，浇水后加大通风排湿

【注意】 西瓜低温季节水分管理应坚持小水勤浇的原则，膨瓜期土壤以见干见湿为宜，不可干旱后突浇大水引发裂瓜。

7）施用二氧化碳气肥。二氧化碳是作物进行光合作用的重要原料。大气中的二氧化碳含量约为300mg/kg，但日光温室在栽培前期温度较低，通风换气时间较短，因此，除夜间外，棚室内二氧化碳常处于亏缺状态，影响了西瓜光合作用的正常进行和同化物的积累。人工施用二氧化碳气肥对西瓜增产可起到一定作用。

当前，温室施用二氧化碳气肥技术主要有 4 种：①利用新鲜马粪发酵产生二氧化碳，一般每平方米堆放 5～6kg；②燃烧丙烷产生二氧化碳，每 600m^2 棚室面积燃烧 1.2～1.5kg 丙烷可使棚内二氧化碳含量升至 1.3mL/L，可根据棚室面积确定燃烧甲烷量；③利用焦炭二氧化碳发生器，焦炭充分燃烧时释放二氧化碳；④最常用的方法是在塑料容器中放置浓盐酸和石灰石（碳酸钙）或者稀硫酸和碳酸氢钠，通过化学反应产生二氧化碳。

二氧化碳气肥施用适期为西瓜发育盛期，尤其在果实发育期应用效果较佳。在上午 10：00 植株光合作用接近最高点时施用，施用最佳含量为 1～1.5mL/L，通风前 30min 停止。如果遇阴雨天应停施二氧化碳气肥。

【注意】 ①西瓜产量与叶片光合作用直接相关，叶片光合作用受棚室温度、光照、二氧化碳浓度等多种环境因素影响，单一因素改善未必能显著增产。因此，采取二氧化碳施肥技术应在本地棚室内先行试验，确有增产效果后再推广。②在施用二氧化碳气肥的同时，应注意防止棚室内有害气体积累对植株生长造成的损害。管理上应采取通风换气，保持棚内气体新鲜。

8）二茬瓜的肥水管理要点。第一茬瓜采收后，每亩在根侧 20cm 沟施饼肥或颗粒有机肥 100kg、磷酸二铵 30kg、硫酸钾 20kg。垄沟及走道进行大水漫灌，并冲施复合微生物肥 25kg/亩。之后的肥水管理同第一茬瓜。

（9）植株调整

1）采用吊蔓栽培方式。

2）第一茬瓜采用双蔓整枝，主、侧蔓均用吊绳吊起。主蔓第 2、3 雌花和侧蔓雌花均可授粉，优先选留主蔓第 2 雌花坐瓜，坐瓜后结果蔓在瓜前 7～8 叶摘心，营养蔓根据植株长势可摘心或不摘心。晴天上午散粉后，辅助人工授粉，记录授粉日期。当瓜重为 0.5kg 时及时吊瓜。

【提示】 西瓜开花时间受夜温影响。夜温 18℃ 多在早上 6：00 开花，夜温 15℃ 则在早上 8：00 开花，冬春茬花期夜温常低于 15℃，故人工授粉宜在上午 9：00 以后进行。

3）后茬瓜的整枝。

① 第二茬瓜整枝：第一茬瓜采收后将主蔓剪掉，留侧蔓及顶端部分孙蔓。当侧蔓较长时，可打掉下部老叶，然后解吊绳落蔓或采用落蔓夹吊蔓落蔓。选择侧蔓发育较好的雌花授粉，每株留 1 个瓜。

② 第三茬瓜整枝：第二茬瓜采收后，将第二茬瓜蔓基部留 20cm 后剪除，从萌发的 3 ~4 条孙蔓中选留 2 条健壮孙蔓，选择长势强的孙蔓，在其第 15 节位处留瓜 1 个。

3. 果实管理与病虫害防治

果实管理可参考第七章西瓜塑料大棚栽培技术。病虫害防治等参考第十二章西瓜病虫害诊断与防治技术。

第二节 西瓜日光温室秋冬茬栽培技术

秋冬茬西瓜一般在 8 月下旬 ~9 月上旬播种，苗龄 30 ~35 天，9 月下旬 ~10 月上旬定植，12 月底 ~第二年 1 月上旬采收。提倡采用嫁接育苗。此茬口西瓜生育前期温光强烈，后期温度偏低，不利于西瓜的正常发育，生产管理难度较大。在实际生产中应着重突出前期降温减光和防病虫，后期则应突出保温。

1. 品种选择

秋冬茬西瓜应选择生长期短、光温适应性好、抗病、耐寒、坐果率高、符合市场消费需求的小果型品种，如陇丰早成、陇冠、黑美人、潍科 3 号、宝冠、黑玉、秀美、秀雅、蜜童等。

2. 培育壮苗

此茬口一般采取在塑料大棚或温室中穴盘育苗，管理上的关键措施有遮阴、降温、防雨和防病虫。具体方法参考第五章西瓜育苗技术。

3. 定植

3 叶 1 心时即可定植。定植时可覆盖黑色地膜防草以及后期保温，地膜覆盖时可先覆膜再定植，也可先定植缓苗后覆膜。以平畦为例，演示先定植后覆膜的过程（图 8-7）。

图 8-7　温室西瓜覆膜定植图

4. 肥水管理

定植后3～4天浇缓苗水1次。伸蔓期结合浇水追施尿素7～10kg/亩。膨瓜初期结合浇水追施复合肥或磷酸二铵20kg/亩、硫酸钾20kg/亩、冲施宝冲施肥25kg/亩，之后每隔10～15天浇水1次，保持土壤湿润，切忌忽干忽湿。尤其生育后期浇水时应小水勤浇，忌大水漫灌，以免地温下降过快。膨瓜期根据植株长势，可酌情喷施叶面肥或0.2%磷酸二氢钾溶液2～3次。采收前7～10天停止浇水。

5. 温度、光照和湿度管理

此茬口栽培前期温度较高，除利用温室顶部通风口通风外，温室前沿裙膜应适当卷起增加通风量，卷起部位加装30目防虫网。9月中下旬当室外夜温降至15℃以下时，夜间应及时密闭棚膜。随天气转凉，温室内气温低于15℃时，可间隔覆盖草帘，使夜间棚温不低于20℃。当棚内气温低于13℃时，全部覆盖草帘或保温被。进入11月，视低温情况可在草苫或保温被上方增覆“浮薄膜”。具体温度管理参照西瓜不同阶段生育适温进行。

栽培前期温室昼夜放风降低湿度，减少病害。9月中下旬夜间闭棚后，白天及时通风降湿，浇水后应通大风。进入10月下旬，在保证温度的条件下，尽量降低棚内湿度。

西瓜属于喜光作物，本茬口栽培前期尽管光照较强，但一般不必采用遮阳网遮阴。10月下旬以后，冷空气较多，气温变化剧烈，应注意增加光照。

6. 其他管理措施

参考第七章西瓜塑料大棚栽培技术。

第九章

无籽西瓜棚室栽培技术

我国自20世纪50年代开始推广无籽西瓜以来，无籽西瓜因其耐湿、抗病、味甜、无籽、食用方便等优点深受消费者青睐。尤其在阴雨高湿、病虫多发的南方地区发展迅速。目前，各地多以大中果型中晚熟露地覆膜栽培为主，随着小果型早熟无籽西瓜新品种的开发推广，棚室无籽西瓜因属早熟栽培，经济效益优于普通露地，近年来在北方地区发展较快。以下介绍小型无籽西瓜棚室栽培技术要点。

第一节　无籽西瓜的特征与育苗技术

无籽西瓜属于三倍体西瓜，如图9-1所示，生长发育规律与普通西瓜基本相同，但有其独特的形态特征和生理特性，生产上须结合一般棚室栽培特点，有针对性地采取措施，方能取得良好的栽培效果和经济效益。

一　无籽西瓜的特征特性

1. 与二倍体西瓜的形态特征差异

1）与二倍体普通西瓜相比，无籽西瓜叶型较小，茎蔓粗壮，分枝力强。

2）花器官较大，雄花花粉败育，雌花孕性相对较低，须种植授粉品种。

3）果皮粗糙、较厚，瓜瓤中没有成熟种子，只有种子痕迹的白色种皮。

4）种皮较厚，脐部坚硬，种胚发育不完全。

图 9-1　无籽西瓜

2. 发芽率低，幼苗生长缓慢

1）无籽西瓜种皮厚且坚硬，吸水后易烂种，用常规方法催芽发芽率较低。

2）发芽适温为 33～35℃，高于普通西瓜。

3）出苗后，茎叶和根系生长缓慢。

3. 植株后期生长旺盛，不易坐瓜

1）无籽西瓜伸蔓期后抗逆性增强，但易徒长，自然坐果率较低。

2）果实膨大第一高峰出现在花后 7～8 天，第二高峰出现在花后 15 天左右，花后 20 天左右生长缓慢，25 天后体积不再增大。

二　育苗技术

本节主要介绍早春茬育苗技术。早春茬无籽西瓜育苗应选用电热温床，穴盘或营养钵结合嫁接育苗。主要育苗技术要点如下。

无籽西瓜宜适当早播育苗，一般比普通西瓜早播 3～5 天。授粉品种比无籽西瓜晚播 7 天左右。播种时采用破壳、控湿、高温快速催芽法。

（1）浸种、破壳

1）将消毒好的种子放于 55℃ 温水中搅拌 10～15min，水温降至 30℃左右时浸种 8～10h，反复搓洗后稍晾干。

2）用牙齿轻磕种脐部，使其裂开小口。或用老虎钳、指甲刀将种脐轻轻夹开。

【提示】①已做处理的种子可不用破壳，浸种时间缩短为 30min 左右，进行控湿以免种腔积水，导致烂种。②人工破壳动作宜轻，不可损伤种胚影响发芽。

（2）布卷催芽

1）将浸种、破壳后的种子摆放一层于湿白布或棉纱上，包裹好卷成布卷放于恒温箱中催芽。

2）催芽采用高温、变温管理，防止下胚轴过长。当有70%的种子发芽时，可挑选胚根长为0.5cm的种芽播种，其他种子继续催芽。无籽西瓜催芽变温管理，见表9-1。

表9-1 无籽西瓜催芽变温管理

阶段	温度/℃	持续时间/h
种子入箱后	36～40	10～12
50%种子露白	32～33	24～36

（3）苗床管理

1）温、湿度管理。苗床温度管理应把握前期高温促催生芽，中期降温控生长，后期增温促壮苗的原则。无籽西瓜苗期温度阶段管理指标，见表9-2。

表9-2 无籽西瓜苗期温度阶段管理指标

阶段	白天温度	夜间温度	技术措施
播种至出苗	30～35℃	不低于18℃，不超过35℃	夜间棚室外覆草苫或保温被保温，白天适当开闭苗床
出苗至第一片真叶出现	20～25℃	不低于15℃	适当降温
第一片真叶展开至定植	25～30℃	15～18℃	适当提温壮苗
定植前7天	15～20℃	12～14℃	苗床逐渐降温炼苗

嫁接苗嫁接后须放入小拱棚内密闭遮光，白天温度保持在25～28℃，夜间15～18℃，相对湿度以90%为宜。上午10：00前，下午4：00后可照弱光。3天后苗床气温白天保持在28～30℃，夜间15～18℃，晒花苫或早晚揭除覆盖物见光，并揭开薄膜两头换气1～2

次。并逐渐缩短遮光时间，加大通风量。7 天后不再遮光，可按一般苗床管理，35 天左右可定植。

2）水分管理。应在播种时浇足底水，之后少浇、浇透，选择晴天在棚室内浇温水。第一片真叶展开之前严格控制水分。之后根据墒情加大浇水量，并注意通风降湿。育苗后期减少浇水控幼苗生长，定植前 5～6 天停止浇水。

3）光照管理。第二片真叶抽出后采取措施增加透光。

4）其他管理措施。参考第五章西瓜育苗技术。

【提示】 无籽西瓜易“戴帽”出土，应在清晨种壳潮湿时，用手轻轻摘除，注意勿伤子叶和胚轴。

第二节 棚室无籽西瓜的栽培管理技术

一 茬口安排和播种期

小型无籽西瓜棚室栽培根据各地实际，茬口安排一般为早春茬和秋延迟茬。早春茬可采用小拱棚双膜栽培或大拱棚多层覆盖栽培。两个茬口的农事时间安排，见表 9-3。本节主要介绍早春茬无籽西瓜栽培技术。

表 9-3 两个茬口的农事时间安排

茬口	播种期	定植期	采收期
早春茬	1 月中旬～2 月上旬	3 月上旬	5 月上旬
秋延迟茬	7 月上中旬	7 月下旬～8 月初	9 月下旬～10 月初

二 品种选择

小型无籽西瓜棚室栽培宜选用生育期短、坐果率高、适应性好、适于棚室栽培的小型品种，如蜜童、墨童、帅童、先甜童、京欣无籽 3 号、京欣无籽 2 号、小玉无籽等。授粉品种可选用早春红玉，播种量为无籽西瓜种量的 1/5～1/4。嫁接砧木可用好友 209 南瓜。

【提示】①授粉品种宜选择抗性强、小籽、皮色与无籽西瓜差异明显的当地主栽品种。②无籽西瓜与授粉品种的定植比例一般为4:1或5:1，间隔种植。人工授粉条件下定植比例可增至8:1。

三 田间栽培管理

1. 定植

（1）适期定植 苗龄35~40天，3~4叶1心，棚内地温稳定在13℃左右时即可定植。

（2）整地施肥 无籽西瓜棚室栽培可根据设施特点，采用龟背畦、平畦覆膜、爬地栽培或大棚高垄覆膜、吊蔓栽培等方式。结合整地每亩施入农家肥4000~5000kg、饼肥50kg、三元复合肥40~50kg。爬地栽培双蔓整枝时，无籽西瓜每亩定植600~700株，三蔓整枝时每亩定植500~600株。支架栽培双蔓整枝时，每亩定植1100~1200株。

2. 定植后的管理

（1）温湿度管理 无籽西瓜生育期内适温指标见表9-4。缓苗期湿度稍高，其他各生育期棚内湿度保持在60%~70%为宜，不宜超过80%。

表9-4 无籽西瓜生育期内适温指标

生育阶段	白天温度	夜间温度	技术措施
缓苗期	25~28℃	高于15℃，最低不低于10℃	及时增加多层覆盖增温、保湿
伸蔓期	25~30℃	高于15℃	保温、降湿和增光兼顾
花果期	28~32℃	18℃以上	注意通风降温、降湿
膨瓜期	30~32℃	18~20℃	注意通风降温、降湿

（2）肥水管理

1）追肥。无籽西瓜的追肥原则为前期促苗，后期促果，中期控制速效氮肥的施用。

① 进入伸蔓期前后，结合浇水每亩追施尿素 5～10kg、硫酸钾 5kg，适当补充硅、钙等微量元素。

② 伸蔓后至坐瓜前严控肥水，轻整枝，防止植株徒长。

③ 当幼瓜长至鸡蛋大小时，结合浇水每亩冲施尿素 15kg、硫酸钾 15kg、复合生物菌肥 25kg 或每亩冲施三元复合肥 25kg、复合生物菌肥 25kg。7 天左右进行第二次追肥，肥量酌减。

2）浇水。无籽西瓜整个生育期内一般浇水 6～8 次，早春茬前期气温较低，浇水量和次数应酌减。

① 定植后及时浇缓苗水，缓苗期土壤相对含水量以 65% 为宜。

② 进入伸蔓期前浇水 1 次，之后控制浇水，土壤相对含水量以 60%～80% 为宜。

③ 膨瓜期应及时浇水，经常保持土壤湿润，土壤相对含水量以 75%～90% 为宜。

④ 采收前 5～7 天停止浇水。

（3）整枝压蔓 无籽西瓜一般采用双蔓或三蔓整枝。整枝不宜过早，当主蔓长至 1m 左右开始整枝。坐瓜后一般不再整枝，如果茎叶有徒长趋势时可疏去部分子蔓（孙蔓）或对其摘心。

爬地栽培无籽西瓜主蔓长至 50～60cm、侧蔓 20～30cm 时开始压蔓。根据植株长势，每隔 4～5 节压 1 次，主蔓压 3 次左右，侧蔓压 2～3 次。

【注意】 ①嫁接苗要采用明压蔓，以免产生不定根。②压蔓宜在下午茎蔓变软时进行，坐果节前后 2 节内不压。

（4）人工授粉 早晨 8：00～10：00 进行人工授粉，第一个瓜达 7 成熟时，继续授粉坐第二个瓜。

（5）选瓜留瓜 无籽西瓜一般选留主蔓第 20～25 节、侧蔓第 15 节左右的第 2 或第 3 雌花授粉坐瓜。可多雌花授粉，幼瓜长至鸡蛋大小时疏瓜。

（6）适时采收 从雌花开放到果实成熟，一般早熟品种需 30～35 天，中熟品种 35～40 天，晚熟品种 40～45 天。

（7）二茬瓜的选留技术 二茬瓜的选留可采用割蔓再生法，即头茬瓜采收后，在主蔓基部距离嫁接口30cm处剪去老蔓，利用基部叶腋潜伏芽萌发新蔓结瓜。一般从萌发的3～4个蔓中选留2～3个强蔓，二茬瓜蔓长势一般较头茬弱，因此生产上应注意加强肥水管理。

四 病虫害防治

病虫害防治可参考第十二章西瓜病虫害诊断与防治技术。

第十章 棚室有机西瓜栽培技术

随着生活水平的提高，人们对农产品质量安全和农业产区的生态环境健康问题日益关注。而有机农业经过几十年的发展和生产实践则顺应了改善农业生态环境、生产优质无污染有机食品的世界潮流而日益受到重视。有机农产品正在成为人们的消费时尚，发展有机农业是解决食品安全问题的有效途径之一，市场应用前景广阔。

有机农产品是根据有机农业原则和有机农产品生产方式及标准生产，并通过有机食品认证机构认证的农产品，属纯天然、无污染、安全营养的食品，也称“生态食品”。有机西瓜生产则是按照有机农产品的生产环境、质量要求和生产技术规范进行生产，以保证无污染、富营养和高质量的特点。在西瓜生产的整个过程中禁止使用化学农药、化肥、激素（调节剂）等人工合成物质，不使用基因工程技术产品；在生产和流通过程中有完善的跟踪审查体系和完整的生产与销售记录档案，还必须经过独立的有机食品认证机构的认证审查和全过程的质量控制。

因此，采用严格、高效的有机蔬菜栽培技术生产优质、高产、无污染的西瓜产品对于满足人们的生活需求，提升西瓜产值和效益具有积极作用。有机西瓜生产的难点是在不施用化肥和化学合成农药的前提下获得高产和优质，因此在实际生产中应采取综合管理措施方能达到预期效果。

第一节　有机西瓜生产定义和生产标准

一　定义

有机西瓜生产技术是指遵循可持续发展的原则，严格按照《欧共体有机农业条例2092/91》进行多次生产、采收、运输、销售，不使用化学农药、化肥、植物生长调节剂等，按照农业科学和生态学原理，维持稳定的农业生态体系。中国有机产品标志，如图10-1所示。

图10-1　中国有机产品标志

二　生产基地环境要求和标准

1. 基地建立

1）基地选择标准。根据国家最新的关于有机产品标准的要求，有机西瓜生产基地应选择空气清新、土壤有机质含量高、有良好植被覆盖的优良生态环境，避开疫病区，远离城区、工矿区、交通主干线、工业污染源、生活垃圾场、重金属及农药残留污染源等。要求选择地势高燥、易排水、土层深厚肥沃，有效土层达60cm以上，土壤排水通气性能良好，有益微生物活性强，有机质含量大于15g/kg的生产土壤。基地土壤环境质量标准要求达到二级标准，农田灌溉用水水质符合V类标准，环境空气质量标准要求达到二级标准。

2）确立转换期。有机西瓜生产转换期一般为3年。新开荒、撂荒或有充分数据说明多年未使用禁用物质的地块也至少需1年转换期。转换期的开始时间从向认证机构申请认证之日起计算，转换期内必须完全按照有机生产要求操作，转换期结束后须经认证机构检测达标后方能转入有机西瓜生产。有机西瓜生产基地须具备一定的规模，一般种植面积不小于150亩。生产基地土地应是完整地块，其间不能夹有进行常规生产的地块，但允许夹有有机转换地块，且与常规生产地块交界处须界限明显，如交界处有河流、沟渠等。

【注意】 如果有机西瓜生产基地中有的边缘地块有可能受到邻近常规地块污染的影响，则必须在有机和常规地块之间设置10m左右宽的缓冲带或物理障碍物，以保证有机地块不受污染。

3）合理轮作。棚室西瓜忌连作，其有机生产基地应避免与瓜类作物连作，宜与禾本科、豆科作物或绿肥等轮作换茬。如棚室越夏茬口可安排种植甜玉米、糯玉米等，也可获得较好收益。前茬收获后，应彻底清理田间环境，清除田间病残体，集中销毁或深埋，以减少病虫基数。

2. 相关标准

棚室西瓜有机栽培土壤环境质量标准、农田灌溉水标准、大气污染物含量限值见表10-1、表10-2和表10-3。

表10-1 土壤环境质量标准值 （单位：mg/kg）

级别	一级	二级			三级
土壤pH	自然背景	<6.5	6.5~7.5	>7.5	>6.5
项目					
镉≤	0.20	0.30	0.60	1.0	
汞≤	0.15	0.30	0.50	1.0	1.5
砷 水田≤	15	30	25	20	30
砷 旱地≤	15	40	30	25	40
铜 农田≤	35	50	100	100	400
铜 果园≤	—	150	200	200	400
铅≤	35	250	300	350	500
铬 水田≤	90	250	300	350	400
铬 旱地≤	90	150	200	250	300
锌≤	100	200	250	300	500
镍≤	40	40	50	60	200
六六六≤	0.05		0.50		1.0
滴滴涕≤	0.05		0.50		1.0

注：1. 重金属（铬主要是三价）和砷均按元素量计，适用于阳离子交换量>5cmol（+）/kg的土壤，若阳离子交换量≤5cmol（+）/kg，其标准值为表内数值的半数。

2. 六六六为四种异构体总量，滴滴涕为四种衍生物总量。

3. 水旱轮作地的土壤环境质量标准，砷采用水田值，铬采用旱地值。

表 10-2　农田灌溉水标准

序号	项　目	水　作	旱　作	蔬　菜
1	生化需氧量/(mg/L) ≤	80	150	80
2	化学需氧量/(mg/L) ≤	200	300	150
3	悬浮物/(mg/L) ≤	150	200	100
4	阴离子表面活性剂/(mg/L) ≤	5.0	8.0	5.0
5	凯氏氮≤	12	30	30
6	总磷（以P计）/(mg/L) ≤	5.0	10	10
7	水温/℃≤	35	35	35
8	pH	5.5~8.5	5.5~8.5	5.5~8.5
9	全盐量/(mg/L) ≤	1000（非盐碱土地区），2000（盐碱土地区），有条件的地区可以适当放宽	1000（非盐碱土地区），2000（盐碱土地区），有条件的地区可以适当放宽	1000（非盐碱土地区），2000（盐碱土地区），有条件的地区可以适当放宽
10	氯化物/(mg/L) ≤	250	250	250
11	硫化物/(mg/L) ≤	1.0	1.0	1.0
12	总汞/(mg/L) ≤	0.001	0.001	0.001
13	总镉/(mg/L) ≤	0.005	0.005	0.005
14	总砷/(mg/L) ≤	0.05	0.1	0.05
15	铬（六价）/(mg/L) ≤	0.1	0.1	0.1

（续）

序号	项　　目	水　　作	旱　　作	蔬　　菜
16	总铅/(mg/L) ≤	0.1	0.1	0.1
17	总铜/(mg/L) ≤	1.0	1.0	1.0
18	总锌/(mg/L) ≤	2.0	2.0	2.0
19	总硒/(mg/L) ≤	0.02	0.02	0.02
20	氟化物/(mg/L) ≤	2.0（高氟区） 3.0（一般地区）	2.0（高氟区） 3.0（一般地区）	2.0（高氟区） 3.0（一般地区）
21	氰化物/(mg/L) ≤	0.5	0.5	0.5
22	石油类/(mg/L) ≤	5.0	10	1.0
23	挥发酚/(mg/L) ≤	1.0	1.0	1.0
24	苯/(mg/L) ≤	2.5	2.5	2.5
25	三氯乙醛/(mg/L) ≤	1.0	0.5	0.5
26	丙烯醛/(mg/L) ≤	0.5	0.5	0.5
27	硼/(mg/L) ≤	1.0（对硼敏感作物，如马铃薯、笋瓜、韭菜、洋葱、柑橘等）；2.0（对硼耐受性作物，如小麦、玉米、青椒、小白菜、葱等）；3.0（对硼耐受性强的作物，如水稻、萝卜、油菜、甘蓝等）	1.0（对硼敏感作物，如马铃薯、笋瓜、韭菜、洋葱、柑橘等）；2.0（对硼耐受性作物，如小麦、玉米、青椒、小白菜、葱等）；3.0（对硼耐受性强的作物，如水稻、萝卜、油菜、甘蓝等）	1.0（对硼敏感作物，如马铃薯、笋瓜、韭菜、洋葱、柑橘等）；2.0（对硼耐受性作物，如小麦、玉米、青椒、小白菜、葱等）；3.0（对硼耐受性强的作物，如水稻、萝卜、油菜、甘蓝等）
28	粪大肠菌群数/(个/L) ≤	10000	10000	10000
29	蛔虫卵数/(个/L) ≤	2	2	2

表 10-3　GB 3095—2012 大气中各项污染物的浓度限值

污染物名称	平均时间	浓度限值		浓度单位
		一级	二级	
二氧化硫	年平均	60	60	μg/m³
	24h 平均	50	150	
	1h 平均	150	500	
二氧化氮	年平均	40	40	
	24h 平均	80	80	
	1h 平均	200	200	
一氧化碳	24h 平均	4	4	mg/m³
	1h 平均	10	10	
臭氧	日最大 8h 平均	100	160	μg/m³
	1h 平均	160	200	
颗粒物（粒径≤10μm）	年平均	40	70	
	24h 平均	50	150	
颗粒物（粒径≤2.5μm）	年平均	15	35	
	24h 平均	35	75	
总悬浮颗粒物	年平均	80	200	
	24h 平均	120	300	
氮氧化物	年平均	50	50	
	24h 平均	100	100	
	1h 平均	250	250	
铅	年平均	0.5	0.5	
	季平均	1	1	
苯并芘	年平均	0.001	0.001	
	24h 平均	0.0025	0.0025	

3. 设置缓冲带

有机西瓜生产基地与常规生产地块相邻时需在基地周围种植 8～10m 宽的高秆作物、乔木或设置物理障碍物作为缓冲带，以保证有机西瓜种植区不受污染和防止临近常规地块施用的化学物质的漂移。

4. 棚室清洁与基地生态保护

棚室有机西瓜生产过程中，要求不造成环境污染和生态破坏。所以在每茬西瓜和作物收获后都要及时清理植株残体，彻底打扫、清洁基地，将病残体全部运出基地外销毁或深埋，以减少病虫害基数。将瓜蔓或秸秆收集后放入沼气池发酵处理，沼渣和沼液分别作为有机肥和冲施肥施用，使瓜蔓、秸秆等农业有机物100%被循环利用。农膜等不能降解的废弃物要100%回收并加以利用。此外，在栽培过程中，要及时清除落蕾、落花、落叶、落果、整枝剪下的枝蔓以及病虫株、病残株和杂草，消除病虫害的中间寄主和侵染源等。

三 品种（种子）选择

禁止使用转基因或含转基因成分的种子，禁止使用经有机禁用物质和方法处理的种子和种苗，种子处理剂应符合国家规定的最新的有机产品标准要求。应选择适应当地土壤和气候条件，抗病虫能力较强的西瓜品种。

【禁忌】 有机西瓜生产应选择经认证的有机种子、种苗或选用未经禁用物质处理的种苗。目前用包衣剂处理过的种子不宜选用。

四 有机西瓜施肥与病虫草害防治

有机西瓜不论育苗还是田间生产期间水肥管理均应按照有机蔬菜生产标准进行，基本要点如下。

（1）肥料 禁用化肥，可施用：有机肥料，如粪肥、饼肥、沼肥、沤制肥等；矿物肥，包括钾矿粉、磷矿粉、氯化钙等；有机认证机构认证的有机专用肥或部分微生物肥料，如具有固氮、解磷、解钾作用的根瘤菌、芽孢杆菌、光合细菌和溶磷菌等，通过有益菌的活动来加速养分释放，促进西瓜对养分的有效利用。

（2）施用方法

1）施肥量。一般每亩有机西瓜底肥可施用有机粪肥6000～8000kg，追施专用有机肥或饼肥100～200kg。动、植物肥料用量比例以1∶1为宜。

2）重施底肥。结合整地施底肥，底肥用量占总肥量的80%。

3）巧施追肥。西瓜属浅根系作物，追肥时可将肥料撒施、掩埋于定植沟内，及时浇水或培土。

【提示】 有机肥在施用前2个月需进行无害化处理，可将肥料泼水拌湿、堆积、覆盖塑料膜，使其充分发酵腐熟。发酵期堆内温度高达60℃以上，可有效地杀灭农家肥中的病虫，且处理后的肥料易被西瓜吸收利用。

（3）有机西瓜病虫草害防治技术原则 应坚持“预防为主，综合防治”的植保原则，通过选用抗、耐病品种，合理轮作，嫁接育苗，合理调控棚室温度、光照、湿度和土壤肥料、水分等农艺措施以及物理防治和天敌生物防治等技术方法进行棚室有机西瓜病虫草害防治。生产过程中禁用化学合成农药、除草剂、生长调节剂和基因工程技术生产产品等。有机西瓜病虫草害防治技术原则如下。

1）病害防治。

① 可用药剂：石灰、硫黄、波尔多液、石硫合剂、高锰酸钾等，可防治多种病害。

② 限制施用药剂主要为铜制剂，如氢氧化铜、氧化亚铜、硫酸铜等，可用于真菌、细菌性病害防治。

③ 允许选用软皂、植保101、植保102、植保103等植物制剂、醋等物质抑制真菌病害。

④ 允许选用微生物及其发酵产品防治西瓜病害。

2）虫害防治。

① 提倡通过释放捕食性天敌，如七星瓢虫、捕食螨、赤眼蜂、丽蚜小蜂等防治虫害。

② 允许使用苦参碱、绿帝乳油等植物源杀虫剂和鱼腥草、薄荷、艾菊、大蒜、苦楝等植物提取剂防虫。如用苦楝油2000～3000倍液防治潜叶蝇，艾菊30g/L防治蚜虫和螨虫，葱蒜混合液和大蒜浸出液预防病虫害的发生等。

③ 可以在诱捕器、散发皿中使用性诱剂，允许使用视觉性（如

黄板、蓝板）和物理性捕虫设施（如黑光灯、防虫网等）。

④ 可以限制性使用鱼藤酮、植物源除虫菊酯、乳化植物油和硅藻土杀虫。

⑤ 有限制地使用微生物制剂，如杀螟杆菌、BT 制剂等。

3）防除杂草。禁止使用基因工程技术产品或化学除草剂除草；提倡地膜覆盖、秸秆覆盖防草和人工、机械除草。

第二节 棚室有机西瓜栽培管理技术规程

根据当地的实际情况制定可行的有机西瓜生产操作规程，强化栽培管理，建立详细的栽培技术档案，对整个生产过程进行详细记载，并妥善保存，以备查阅。建立完整的质量跟踪审查体系，并严格按照国家环境保护部颁布的《有机食品技术规范》（HJ/T 80—2001）组织生产。通过培育壮苗、嫁接育苗、合理土肥水管理以及病虫害防治等技术实现棚室有机西瓜的高产高效。

一 茬口安排

棚室有机西瓜茬口一般可采取早春茬、冬春茬、秋延迟茬等高效茬口，各地可根据实际设施条件确定播种期。

二 培育壮苗

西瓜育苗时需着重注意以下几个问题。

（1）土壤和种子处理 选用有机认证种子或未经禁用物质处理的常规种子。有机西瓜种子播种前应进行土壤（基质）、棚室和种子消毒。

选用物理方法或天然物质进行土壤和棚室消毒。土壤消毒方法：地面喷施或撒施 3～5 波美度石硫合剂、晶体石硫合剂 100 倍液、生石灰 2.5kg/亩、高锰酸钾 100 倍液或木醋液 50 倍液。苗床消毒可在播前 3～5 天地面喷施木（竹）醋液 50 倍液或用硫黄（0.5kg/m^2）与基质、土壤混合，然后覆盖农膜密封。棚室则可提前采用灌水、闷棚等物理方法结合硫黄熏烟等药剂方法进行消毒，防治病虫。

【注意】 苗床覆盖农膜禁用含氯农膜，应予以注意。

种子消毒技术主要有晒种、温汤浸种、干热消毒和药剂消毒四种。药剂消毒方法：采用天然物质消毒，可用高锰酸钾 200 倍液浸种 2h、木醋液 200 倍液浸种 3h、石灰水 100 倍液浸种 1h 或硫酸铜 100 倍液浸种 1h。药剂消毒后用 55℃ 温汤浸种 4h。

（2）连作棚室 宜采用嫁接育苗。

（3）其他苗床管理 可参考第五章西瓜育苗技术。

三 田间管理

（1）棚室有机西瓜肥水管理技术 定植前施足底肥，可结合整地每亩施入有机肥 5000～8000kg，矿物磷肥 30～50kg，矿物钾肥 50～70kg。缓苗后浇小水 1 次。伸蔓期随水追施专用有机肥 100～150kg/亩、沼液 200～400kg/亩或施饼肥 50～100kg/亩、沼渣 200～400kg/亩（沼肥生产设施如图 10-2、图 10-3 所示）。膨瓜期随水追施生物菌肥 50kg/亩、沼液 400～500kg/亩和矿物钾肥 20～25kg/亩。果实膨大后期可每隔 7～10 天叶面喷施光合微肥，防止植株早衰。

图 10-2 沼液过滤装置

图 10-3 沼渣发酵池

【注意】 目前沼液肥生产厂家往往会向沼液中添加氮磷钾肥后出售，有机西瓜施用沼液前需严加确认后再施用。

（2）棚室有机西瓜病虫害防治技术 有机西瓜病虫害防治应以农业措施、物理防治、生物防治为主，化学防治为辅，实行无害化综合防治措施。药剂防治必须符合最新的有机产品标准要求，杜绝使用禁用农药，严格控制农药用量和安全间隔期。

棚室有机西瓜常见病虫害防治方法如下。

1）猝倒病。进行种子、床土消毒。发病初期用大蒜汁 250 倍液、25% 络氨铜水剂 500 倍液或 5% 井冈霉素水剂 1000 倍液防治，兑水喷雾，每 7 天左右防治 1 次。

2）灰霉病。发病初期叶面喷施 2% 春雷霉素水剂 500 倍液、1/10000 硅酸钾溶液、80% 碱式硫酸铜可湿性粉剂 800 倍液或 25% 络氨铜水剂 500 倍液，每 10 天左右防治 1 次。

3）疫病。发病初期叶面喷施大蒜汁 250 倍液、25% 络氨铜水剂 500 倍液、5% 井冈霉素水剂 1000 倍液、80% 碱式硫酸铜可湿性粉剂 800 倍液或 77% 氢氧化铜（可杀得 3000）可湿性粉剂 800 倍液，每 7 ~ 10 天防治 1 次，连续 2 ~ 3 次。

4）霜霉病、白粉病。发病初期叶面喷施 2% 武夷菌素水剂 200 倍液、0.5% 大黄素甲醚水剂（卫保）1000 倍液、枯草芽孢杆菌（依天德）等生物农药或 47% 春雷 · 王铜 WP（加瑞农）可湿性粉剂 800 倍液、46.1% 氢氧化铜可湿性粉剂 1500 倍液等矿物农药防治，每7 ~ 10 天防治 1 次。

5）软腐病。发病初期可用 72% 农用链霉素可湿性粉剂 4000 倍液或 46.1% 氢氧化铜可湿性粉剂 1500 倍液灌根。

6）蚜虫、蓟马、白粉虱、叶螨以及夜蛾类害虫。棚室栽培可加装防虫网。其他物理和生物措施：设置黄色、蓝色粘虫板；黑光灯或频振式杀虫灯诱杀成虫；田间释放白粉虱天敌丽蚜小蜂、叶螨天敌捕食螨、蚜虫天敌瓢虫或草蛉等进行防治（图 10-4 ~ 图 10-7）。

图 10-4 利用捕食螨控制叶螨

图 10-5 蓝板防治蓟马

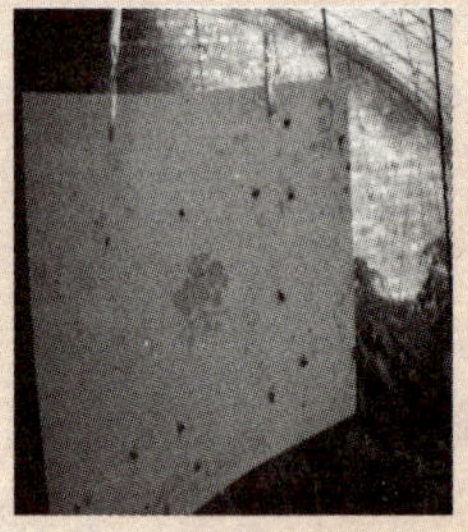

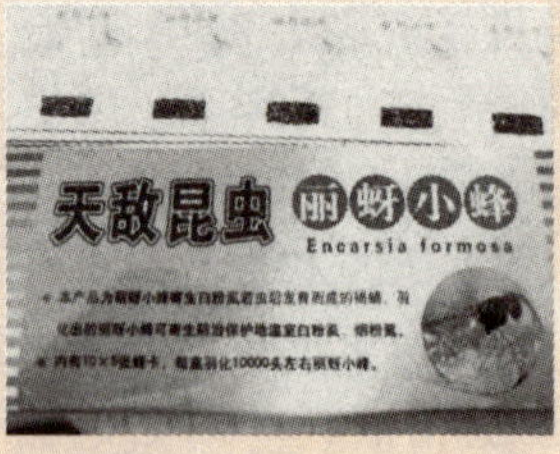

图 10-6　黄板防治蚜虫　图 10-7　丽蚜小蜂防治白粉虱

【药剂防治方法】 危害初期可喷施苦参碱乳油 1000 ~ 1500 倍液、5% 天然除虫菊素乳油 800 ~ 1000 倍液、生物肥皂 1000 倍液、0.5% 印楝素乳油 1000 ~ 1500 倍液等防治。

【提示】 有机西瓜病虫害防治允许使用生物农药主要包括：①抗生素类杀虫剂：阿维菌素类；②细菌类杀虫剂：苏云金杆菌、BT 制剂类；③植物源杀虫剂：苦参碱、鱼藤酮以及银杏叶、黄杜鹃花、苦楝素、辣蓼草等植物提取物质等。

——第十一章——

棚室西瓜特种栽培技术

第一节　棚室西瓜水肥一体化滴灌技术

1. 水肥一体化的概念

水肥一体化滴灌技术又称为“水肥耦合”“随水施肥”“灌溉施肥”等，是将水溶性肥料配成肥液注入低压灌水管路，并通过地膜下铺设的微喷带均匀、准确地输送到作物根际，肥、水可均匀地浸润地表25cm左右或更深，保证了根系对水分、养分的快速吸收，能针对蔬菜的生育进程和需肥特性施用配方肥料，是一种科学灌溉施肥模式。

2. 水肥一体化的特点

水肥一体化滴灌技术实现了水肥的耦合，有利于提高水分、肥料利用效率，通过灌溉进行精准施肥，可避免肥料淋失对地下水造成的污染。棚室西瓜滴灌还可降低大棚内相对湿度从而起到降低病虫害的发生率，提高早春茬地温0.5～2℃的栽培效果。从而在很大程度上能够实现节水节肥、省时省工、增产增收的生产目标，因此近年来尤其在设施蔬菜产区得到了广泛推广。

但目前水肥一体化技术实际生产中存在一些问题，限制了其推广应用进程。主要问题有滴灌系统设计安装不合理不配套、灌水施肥随意性大、滴灌不均匀、滴灌带爆裂、滴孔易堵塞、一次性投资较大等，不仅会影响正常的施肥灌水效果，而且还会影响设备的使用寿命，导致成本的增加，在一定程度上也制约了该项技术的推广应用。

3. 滴灌设备的选择与安装

简易软管滴灌的结构　软管滴灌系统是成本较低的一种滴灌系统，由供水装置、供水管和滴水软管组成（图 11-1）。

供水肥装置　　滴水软管

图 11-1　软管滴灌系统

1）供水装置。包括 1.5kW 水泵、化肥池、控制仪表等，可保持入棚压力 0.12～0.15MPa。取水泵口用 1～2 层防虫网包裹过滤，滤去大于 25 目的泥沙颗粒及纤维物等。该装置的作用是抽水、施肥、过滤，将一定数量的水送入干管。

2）供水管。包括干管、支管以及必要的调节设备（如压力表、闸阀、流量调节器等）。供水管为黑色，干管直径 7cm，要求有 0.2MPa 以上的工作压力，支管直径 3～4cm。在供水管处连接肥料稀释池，结合供水补充肥料，用水须经过滤以防堵塞。

3）滴水软管及其铺设方法。目前适合于大棚西瓜种植的滴水软管主要有以下两种。

① 双上孔聚氯乙烯塑料软管。该型软管抗堵塞性能强，滴水时间短，运行水压低，适应范围广，安装容易，投资低廉，应用较广。该设备是采用直径 25～32mm 聚氯乙烯塑料滴灌带，作为滴灌毛管，配以直径 38～51mm 硬质或同质塑料软管为输水支管，辅以接头、施肥器及配件。滴水软管上有 2 行小孔，孔间距为 33cm，软管一端接于供水管上，另一端用堵头塞住，供水管连接有过滤网的水源，打开阀门，水便沿软管流向畦面，喷出后从地膜下滴入畦面，供西瓜

根系吸收利用。具体铺设方法如下：将滴灌毛管顺畦向铺于小高畦上，出水孔朝上，将支管与畦向垂直铺于棚中间或棚头，在支管上安装施肥器。为控制运行水压，在支管上垂直于地面处连接一根透明塑料管，用于观察水位，以水柱高度80～120cm的压力运行，防止滴灌带运行压力过大。若种植行距小于50cm，可采用双行单管带布置法，即将双孔滴灌管布置于每畦两行植株中间；若种植行距大于50cm，则宜单行安装单根单孔滴灌管，管带长度与畦长相同。安装完毕后，打开水龙头试运行，查看各出水孔流水情况，若有出水孔堵住，用手指轻弹一下，即会使堵住的出水孔正常出水。另外，根据地势平整度以及离出水孔远近，各畦出水量会有微小差异。用单独控制灌水时间的方法调节灌水量。检查完毕，开始铺设地膜。滴灌软管是在塑料管壁上打孔输水灌溉的，是一种滴灌毛管方式。因其无滴头，必须在滴灌软管上覆盖地膜。软管连接及铺设方法如图11-2、图11-3所示。

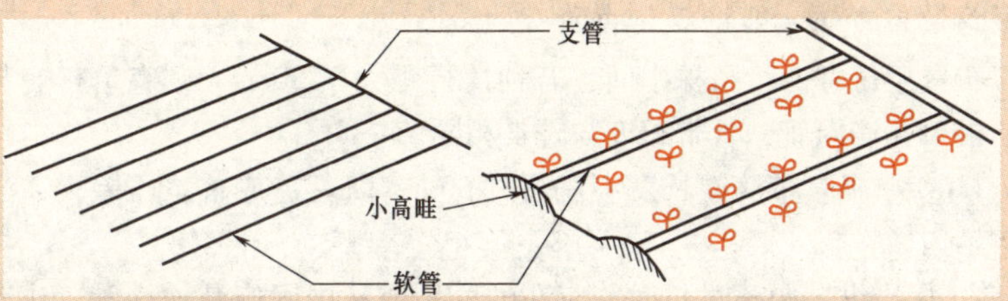

图11-2　蔬菜滴灌软管铺设示意图和实图

图11-3　支管连接滴灌软管及软管堵头

② 内镶式滴灌管。该滴灌由于采用的是先进注塑成型滴头，然后再将滴头放入管道内的成型工艺，因此，能够保证滴头流通均匀一致，各滴头出水量均匀。内镶式滴灌管，管径10mm或16mm，滴头间距30cm，工作压力0.1MPa，流量每小时2.5～3L。铺设方法同双上孔滴灌管。

如果滴灌管滴头或出水孔间距与西瓜定植株距不符时可采用滴箭供水方法解决，如图11-4所示。

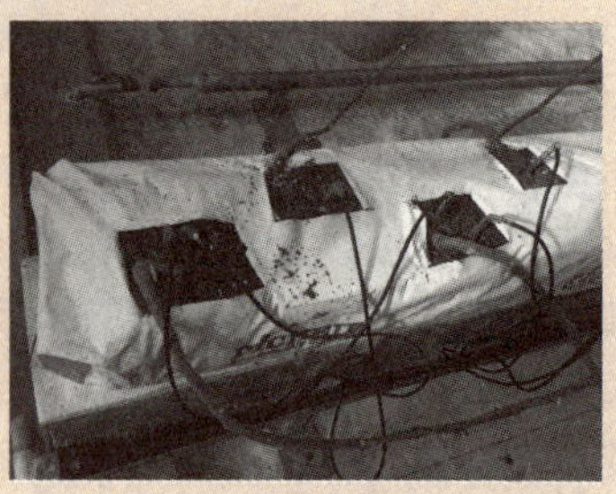

图11-4 滴箭灌水图

4）滴水软管铺设应注意的问题。

① 种植畦应整平，以免地面落差大造成滴灌不匀。

② 畦面和种植行应纵向排布，田间微喷带宜采用双行单根管带布置法，即将双孔滴灌管布置于每畦两行植株中间，若种植行距大于50cm，则宜单行安装单根单孔滴灌管，管带长度与畦长相同。

③ 单根管带滴灌长度不宜超过60m，以免造成首尾压差大，灌水不匀。

④ 当纵向距离过长时，应在畦两头或从中间安装输水管，让滴灌管自两头向中间或自中间向两头送水，以减少压差、提高滴灌均匀度。

⑤ 在布放滴灌管时，滴灌管上的孔口朝上，以使水中的少量杂质沉淀在管子的底部，也可避免根因向水性生长而堵塞滴孔。每条滴灌管前都要安装1个开关，以根据系统提供压力的大小，现场调整滴灌条数，方便操作管理。

⑥ 滴灌管安装完成后，还要覆盖地膜，以使水流在地膜的遮挡下形成滴灌效果，并减少地表水分蒸发。

4. 施肥设备

目前灌溉施肥设备除了简易水泥化肥池外，还包括成型设备，如压差式施肥罐、文丘里施肥器、比例施肥泵和由计算机控制的智能施肥机（图 11-5）。

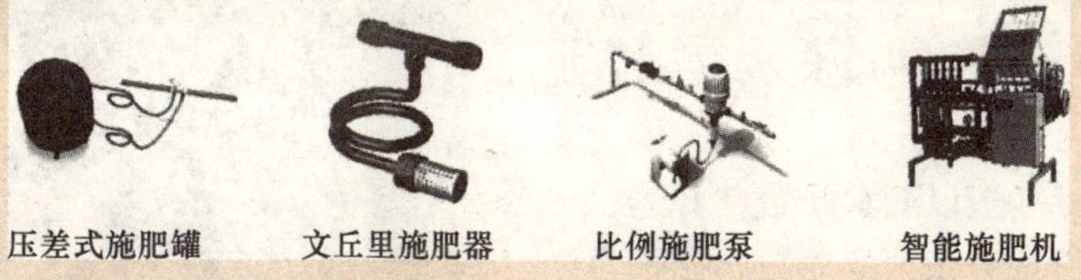

图 11-5　施肥设备

施肥罐制造比较简单、造价低，但是容积有限，添加肥料次数频繁且工序较为繁杂；另外由于施肥罐中的肥料不断被水稀释，进入灌溉系统中的肥料浓度不断下降，从而导致施肥浓度不易掌握。文丘里施肥器结构简单、造价较低，但是很难精调施肥量且水压和水的流速对文丘里施肥器的影响非常大，因此使用过程中施肥浓度易产生波动从而导致施肥浓度不均匀。比例施肥泵是一种靠水力驱动的施肥装置，能够按照设定的比例将肥料均匀地添加到水中，而不受系统压力和流量的影响，因此能够基本满足用户对于施肥浓度的控制，比例施肥泵的造价相对适中。智能施肥机作为精准施肥的智能装置，其配置较为复杂，功能强大，可以满足多种作物不同施肥浓度的要求，但是造价高。

5. 棚室西瓜肥水管理

(1) 施足基肥　西瓜滴灌栽培下密度增加，生产上应施足基肥方能丰产丰收。根据地力结合整地每亩施入腐熟稻壳鸡粪 5000～6000kg/亩、三元复合肥 100kg/亩、过磷酸钙 30～50kg/亩、钾肥 20～30kg/亩和饼肥 75～100kg/亩。

(2) 根据西瓜不同生育阶段需水规律确定灌水量　西瓜幼苗期要求土壤相对含水量为 65%，伸蔓期为 70%，开花结果期为 65%，膨果期为 75%。

(3) 滴灌施肥方案

1）水分管理。滴灌管理简便易行，只需打开水龙头即可灌水。双上孔软管滴灌运行压力一般保持水头高 80～120cm 即可，切忌压力过大，否则会破坏管壁形成畦面积水。可在支管上连通一根透明细管，用以观察水柱高度。土壤湿度控制的方法是观测灌水指标，即在土壤中安装 1 组 15 ~ 30cm 不同土层深度的土壤水分张力计，观察各个时期的土壤水分张力值。灌水指标一般以灌水开始点 PF 表示，即土壤水分张力的对数，在张力计上可直接读出（图 11-6）。根据灌水开始点，结合天气状况、植株生长势等因素决定是否灌水。根据实际观测，西瓜适宜的灌水指标为营养生长期 PF 为 1.8 ~ 2.0，开花授粉期 PF 为 2.0 ~ 2.2，结瓜期 PF 为 1.5 ~ 2.0，采收期 PF 为 2.2 ~ 2.5。灌水量可用灌水时间控制，并结合天气、植株长势等因素决定灌水时间的长短。定植水以土壤湿润为度。双上孔软管滴灌定植水一般灌 5 ~ 6h，平时灌水时间每次为 2 ~ 2.5h。内镶式滴灌管灌水时间应适当延长。采收前 7 ~ 10 天停止灌水。

图 11-6　土壤张力计

2）追肥。西瓜滴灌追肥结合滴水进行。苗期和开花期随水滴施西瓜营养生长滴灌肥 5kg/亩。坐瓜后随水滴施西瓜生殖生长滴灌肥 3 ~ 4 次，每次 4kg/亩。滴灌肥料宜选择西瓜滴灌专用肥，其成分和养分含量（%）：营养生长滴灌肥，氮: 磷: 钾: 微量元素 = 28: 8: 12: 0.2；生殖生长滴灌肥，氮: 磷: 钾: 微量元素 = 20: 6: 22: 0.2。没有西瓜专用滴灌肥时也可使用合理配方施肥，其施肥灌水方案参见表 11-1。

表 11-1　棚室西瓜滴灌水肥管理

生育时期	灌溉次数	每次滴水量/（m^3/亩·次）	每次灌溉加入的纯养分含量/（kg/亩）				备　注
			氮（N）	磷（P_2O_5）	钾（K_2O）	合计	
定植前	1	18	1.8	3.2	1.8	6.8	沟灌或滴灌
苗期	1	10	1.6	1.6	1.2	4.4	滴灌
伸蔓期	1 ~ 2	12	2.8	1.4	2.2	6.4	滴灌
膨瓜期	2 ~ 4	14	1.9	0.9	3.4	6.2	滴灌
合计	5 ~ 8	54	8.1	7.1	8.6	23.8	

3）滴灌方法。打开滴灌系统，滴清水 20min 后打开施肥器，开始供肥。灌溉结束前半小时停止滴肥，以清水冲洗管道，防止堵塞。

【提示】 ①盐碱化土壤应先滴灌清水，将土壤中可移动离子淋洗到下层土壤，然后滴灌全价营养液。②阴雨天可适当减少滴灌量或者不滴灌。

4）滴灌肥料选择。应选择常温下能完全溶解且混合后不产生沉淀的肥料。目前市场上常用溶解性好的普通大量元素固体肥料：氮肥，包括尿素、碳酸氢铵、硝酸铵、硝酸钾；磷肥，包括磷酸二铵、磷酸二氢钾；钾肥，包括硫酸钾、硝酸钾等。也可采用专用水溶肥。

【提示】 ①选用颗粒复合肥作滴灌肥时应观察肥膜（黏土、硅藻土和含水硅土）是否易溶或堵塞滴孔。②用滴灌追施微量元素肥料时，应注意不与磷素肥同时混合使用，以免形成不溶性磷酸盐沉淀而堵塞滴孔。③除沼液外，多数有机肥因其难溶性而不宜作滴灌肥追施。

6. 其他管理措施

可参考西瓜不同茬口棚室栽培技术。

第二节　棚室西瓜无土栽培技术

蔬菜无土栽培具有可充分利用土地资源，省肥、省水、省工，减少病虫危害，实现蔬菜无公害生产，提高蔬菜产量和品质等优点，缺点是一次性投资巨大，因而近年来只在部分农业园区或示范基地得到了大面积推广。蔬菜无土栽培可分为营养液栽培和有机无土栽培两类，其主要分类如图 11-7 所示。

棚室西瓜采用简易无土栽培设施进行生产，可在充分利用农民普通大棚或温室的基础上有效克服重茬病害，获得较好经济效益。现着重将其设施结构和营养液配制与管理简介如下。

一　栽培基质的选择和配制

蔬菜无土栽培常用基质可分为无机基质、有机基质和复合基质三类。无机基质主要包括蛭石、珍珠岩、岩棉、炉渣、沙等；有机基质主要包括草炭、椰糠、菇渣、蔗渣、锯末、酒糟、玉米芯等。

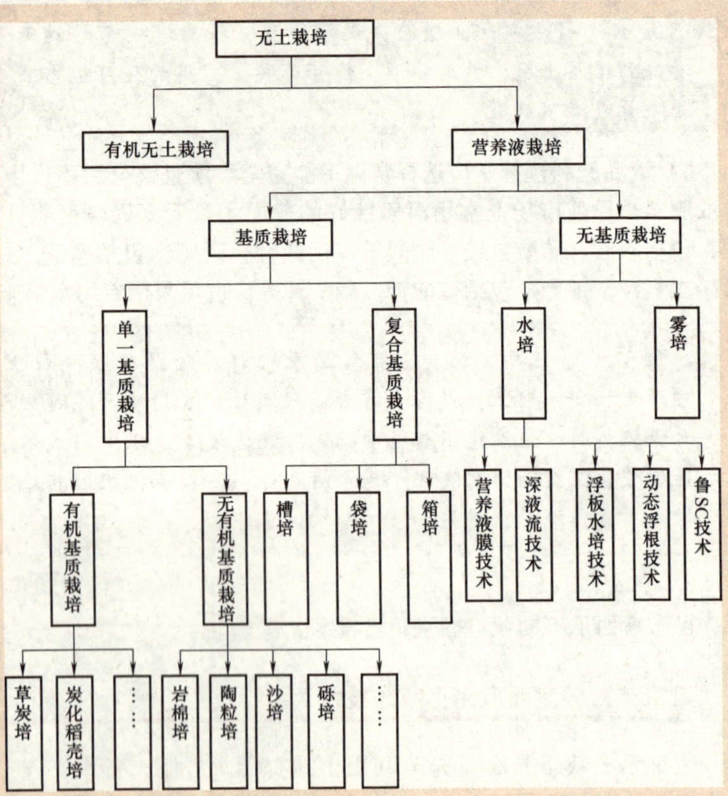

图 11-7　蔬菜无土栽培分类体系

复合基质由两种及以上基质按一定体积比混合而成，如常见的草炭、蛭石、珍珠岩混合基质。

棚室西瓜常可采用复合基质槽培、袋培、箱培和岩棉栽培等栽培模式。如图 11-8 所示。

二 无土栽培的技术要点

1. 营养液配制和管理

(1) 西瓜无土栽培营养液配方　参见表 11-2。

图 11-8　西瓜无土栽培

表 11-2　西瓜无土栽培营养液配方

	名　称	用量/(mg/L)	纯　度
大量元素	硝酸钙	1000	农用 >90%
	硝酸钾	250	工业用 >98%
	硫酸镁	250	工业用 >98%
	磷酸二氢钾	250	农用
	硫酸钾	120	农用
微量元素	硫酸亚铁	15	化学纯
	硼砂	4.5	化学纯
	硫酸锰	2.0	化学纯
	硫酸铜	0.05	化学纯
	硫酸锌	0.22	化学纯
	钼酸锌	0.02	化学纯
pH = 5.5 ~ 6.5		EC = 1.8 ~ 2.5mS/cm	

【提示】生产用西瓜营养液配方较多，在实际生产中可先行比较试验。但营养液须保持 pH 为 5.5 ~ 6.5，溶液偏酸用氢氧化钠调整，偏碱用磷酸或硝酸调整。

（2）营养液的管理

西瓜不同生育期 EC 值管理。灌溉营养液的管理因西瓜无土栽培的方式和品种不同存在差异。营养液浓度可根据 EC 值判断，EC 值在西瓜生长的不同时期各不相同，西瓜在整个生育期的 EC 值一般为 1.2～2.8mS/cm。一般而言西瓜移栽定植后 EC 值为 1.2～1.8mS/cm，开花坐果期 EC 值为 2.2mS/cm 左右，坐果后至采收前营养液的 EC 值为 2.5～2.8mS/cm，EC 值不可高于 3.2mS/cm，否则易烂根死亡。每 2 天进行 1 次浓度测定。西瓜不同生育期营养液参考灌溉时间及次数见表 11-3。

表 11-3　西瓜不同生育期营养液参考灌溉时间及次数

生育期 灌溉	定植一周内	开花前	开花坐果期	结果初期	结果后期
时间/min	18	26	68	36	56
次数/次	7	10	16	12	20

注：营养液灌溉量确定的依据原则：①废液流出量为灌溉量的 15%～30%；②灌溉液与废液 EC 值相差不超过 0.4～0.5mS/cm；③废液的 pH 在 5.5～6.5 范围内；④灌溉原则为少量多次，固定灌溉时间。

【注意】 用电导率仪检测营养液浓度（EC 值），EC 值单位为 mS/cm（毫西门子/厘米），1.0mS/cm 相当于 1kg 肥料完全溶解于 1000kg 纯水后的浓度，即 0.1% 的百分浓度。

2. 西瓜复合基质槽培

（1）槽培设施结构

1）储液池。复合基质槽培多采用开放式供液系统。储液池设计容量一般为 4～5m^3，可为砖混结构，池底和内壁贴油毡防水层。池底砌凹槽用于安放潜水泵，池口加盖板。

2）栽培槽。可用红砖、木板、聚苯乙烯薄膜塑料等作槽体。一般槽长 10～20m，内径 48cm，基质厚度 15～20cm，槽与槽之间距离 70cm。槽内铺 1 层聚乙烯薄膜，以隔离土壤并防止营养液渗漏。

3）栽培基质配比。栽培基质的配比采用混合基质加有机肥的方法。混合基质配比，如蘑菇渣∶秸秆∶河沙∶炉渣 = 4∶2∶1∶0.25，蘑菇渣∶河沙∶炉渣 = 4∶1∶0.25，草炭∶蛭石∶珍珠岩 = 1∶1∶1 等均可。在每立方米混合基质中加入 10 ~ 20kg 有机肥作底肥，另加氮、磷、钾（15∶15∶15）复合肥 1 ~ 2kg、过磷酸钙 0.5kg、硫酸钾 0.5kg、磷酸二氢钾 0.5kg，充分混匀后装入栽培槽中。栽培基质的盐浓度应适宜西瓜植株的正常生长，pH 以 6 ~ 6.5 为宜，过于偏酸或偏碱都不利于植株对养分的吸收。

4）供液系统。营养液不循环利用，经西瓜和基质吸收后剩余部分流入渗液层经排液沟排出室外。如果需循环利用则须供液均匀，管道畅通。

采用滴灌供液。每 $300m^2$ 选用 1 台口径 40mm、流量 $25m^3/h$、扬程 35m、电压 380V 的潜水泵。供液主管采用直径 30 ~ 50mm 的铁管、聚乙烯管或聚氯乙烯管，首端安装过滤器、水表、阀门等。每条槽铺设 1 ~ 2 条滴灌带，滴灌带末端扎牢，避免漏液。基质表面覆盖农膜，水通过水压从孔中喷射到薄膜上后滴落到栽培槽基质中，让根系从基质中吸收水分和养分。主管道上还可以安装文丘里施肥器。槽培滴灌管如图 11-9 所示。

（2）日光温室西瓜槽培管理技术要点 西瓜槽培如图 11-10 所示。

图 11-9 槽培滴灌管

图 11-10 西瓜槽培

1）基质准备。定植前一天将填入基质槽中的基质完全用营养液浸透，于定植前排水并检查灌溉设备是否正常。

2）环境管理。生育期间温、光、气、热参考指标见表11-4。

表11-4 西瓜在整个生育期各阶段设置温光气热参考指标

生育时期	白天温度	夜间温度	基质湿度	光照强度/lx	二氧化碳气体含量/(μL/L)
定植初期	28～32℃	15℃左右	60%～65%	20000～50000	1000～1500
发棵期	22～25℃	15℃左右	60%～65%		
伸蔓期	25～28℃	15℃以上	60%～65%		
开花坐果期	30℃	15～20℃	70%～80%		
膨瓜期	不超过35℃	不超过18℃	70%～80%		

棚室西瓜无土栽培在冬季有时需要进行CO_2施肥，具体方法：温室中适宜二氧化碳含量为1000～1500μL/L，当温室中二氧化碳含量偏低时，可采用硫酸与碳酸氢铵反应产生二氧化碳，每亩温室每天约需2.2kg浓硫酸（使用时加3倍水稀释）和3.6kg碳酸氢铵，每天在日出半小时后开始施用，持续2h左右。

3）肥水管理。

① 定植后及时用营养液灌溉20～30min，并遮阴3～4h后转入正常灌溉。

② 复合基质本身含有丰富营养元素，因此营养液配方可做适当调整，如栽培前期可少加微量元素，并可用铵态氮或酰胺态氮代替硝态氮配制溶液以降低成本等。

③ 草炭类基质具有较强的缓冲性，基质装槽前可预混底肥。如每立方米可添加硝酸钾1000g、硫酸锰14.2g、过磷酸钙600g、硫酸锌14.2g、石灰或白云石粉3000g（北方硬水地区，灌溉水含钙量高，可不加石灰）、钼酸钠2.4g、硫酸铜14.2g、螯合铁23.4g、硼砂0.4g、硫酸亚铁42.5g。

④ 生长期间及时均匀供液，每天供液1～2次，高温季节和蔬菜生长盛期每天供液2次以上。

⑤ 经常检查出水口，防止管道堵塞。预防基质积盐，如基质电

导度超过3mS/cm，则应停止供液，改滴清水洗盐。基质可重复使用，但在下茬定植前要用太阳能法或蒸汽法进行彻底消毒。

3. 西瓜复合基质袋培

用尼龙布或抗紫外线的黑白双色聚乙烯薄膜制成袋状容器，装入基质后栽培蔬菜的无土栽培方式称为袋培。

（1）设施结构 可分为卧式袋培和立式袋培2种。

1）栽培袋。通常用0.1mm防紫外线聚乙烯薄膜制作。

① 卧式袋培是将桶膜剪成70cm一段，一端封口，装入20~30L基质后封严另一端，按预定株距依次放于地面。定植前，在袋上开2个直径为8~10cm的定植孔，两孔间距40cm。每孔定植1株蔬菜，安装1个滴箭。

② 立式袋培栽培袋呈桶状，先将直径30~35cm的桶膜剪成35cm长，一端用封口机或电熨斗封严，装入10~15L基质后直立放置，每袋种植1株蔬菜。袋的底部或两侧扎2~3个直径为0.5~1cm的小孔，以便多余营养液渗出，防止沤根。

③ 摆放方法：每2行栽培袋为1组，相邻摆放，袋下铺水泥砖，两砖间留5~10cm距离，作为排液沟，两行砖向排液沟方向倾斜。而后在整个地面铺乳白色或白色朝外的黑白双色塑料薄膜。

2）供液系统。采用滴灌方法供液，营养液无须循环。供液装置可为水位差式自流灌溉系统，储液罐可架设在离地1~2m高处。供液主管道和支管道可分别用直径50mm和40mm聚乙烯塑料软管，沿栽培袋摆放方向铺设的二级支管道可用直径16mm聚乙烯塑料软管，各级软管底端均应堵严。每个栽培袋设2个滴箭头，以备一个堵塞时另一个正常供液。每次供液均应将整袋基质浇透。

（2）管理技术 营养液管理技术参照槽培技术。

4. 岩棉栽培

岩棉栽培是指以长方形的塑料薄膜包裹的岩棉种植垫为基质，种植时在其表面塑料膜开孔，安放栽有幼苗的定植块，并向岩棉种植垫中滴加营养液的无土栽培技术。可将其分为开放式岩棉栽培和循环式岩棉栽培两类。这里主要介绍开放式岩棉栽培（图11-11）。

图 11-11　开放式岩棉栽培

开放式岩棉栽培是指营养液不循环利用，多余营养液流入土壤或专用收集容器中的一种无土栽培技术。该栽培模式目前应用最多，其设施结构简单、安装容易、造价较低、营养液易于管理，但通常有 15%～20% 的营养液排出浪费。

（1）设施结构

1）栽培畦。首先整平地面，做龟背形高畦。瓜类栽培畦畦宽 150cm，畦高 10～15cm，每畦放置 2 行岩棉种植垫，行距 80cm。夯实土壤，畦两边平缓倾斜，形成畦沟，坡降 1∶100，畦长 30～50m。畦上铺一层厚为 0.2～0.3mm 的白色或黑白双色塑料薄膜，薄膜紧贴地面，将岩棉与土壤隔开，薄膜接口不要安排在畦沟中。畦上两行岩棉种植垫间距较大，可作为工作通道，畦沟可用于摆放供液管及排液。温室一端设置排液沟，及时排除废液。

冬季栽培时可在种植垫下安放加温管道。可先在摆放种植垫位置处放置一块中央有凹槽的泡沫板隔热。畦上铺一层黑白双色薄膜，膜宽应能盖住畦沟及两侧 2 行种植垫。放上种植垫后把两侧薄膜向上翻起，露出黑色底面，并盖住种植垫。

也可采用小垄双行形式，并行起两条小垄，夯实后铺一层薄膜，在每条小垄上摆放岩棉种植垫。两条小垄间低洼处可作为排液沟，还可铺设加热管道兼作田间操作车轨道。

此外，高档栽培时还可采用支架式岩棉床栽培等（图 11-12）。

图 11-12　支架式岩棉床栽培

2）岩棉种植垫。种植垫为长方体，厚度 75～100mm，宽度 150～300mm，长度 800～1330mm。每条种植垫可定植 2～3 株蔬菜。

3）供液系统。可离地 1m 处建 1 个储液池，利用重力水压差通过各级管道系统流到各滴头进行供液。以每 100m^2 设施面积设置 0.6～1m^3 的储液池为标准。也可不设储液池，只设 A、B 浓缩液储液罐，供液时启动活塞式定量注入泵，分别将两种浓缩液注入供水主管道，按比例与水一起进入肥水混合器（营养液混合器）混成栽培液。供液主管上安装过滤器，防止堵塞滴头。

供液管道分为主管道、支管道和水阻管等多级。栽培行内的供液管（支管或二级管）管径应在 16mm 以上。滴灌最末一级管道称为水阻管，每株 1 根。水阻管与供液管之间可用专用连接件连接。也可先用剪刀将水阻管一端剪尖，再用打孔器在供液管上钻出 1 个比水阻管径稍小的孔，用力将水阻管插入。水阻管流量一般为每小时 2L 以上。应定期检查滴头，及时清理过滤器，并每隔 3～5 天用清水彻底清理 1 次滴灌系统。

水阻管的出液端用一段小塑料插杆架住，称为滴箭，出液口距基质表面 2～3cm，以免水泵停机时供液管营养液回流吸入岩棉中小颗粒，造成堵塞。

营养液供液可通过定时器和电磁阀配合进行自动控制，也可通过感应探头感应岩棉块中营养液含量变化，低于设定值时启动电磁阀开始供液。

4）排液系统。每块岩棉块侧面距地面1/3处切开2~3个5~7cm长的口，多余营养液由切口处排出至废液收集池，可用于叶菜深液流无土栽培或直接浇灌土壤栽培的蔬菜。

【注意】 废液收集池可设置于连栋温室外的空地上，需设防渗水设计。面积为2000~2667m^2的连栋温室，废液收集池内径尺寸为长1.5m×宽1.5m×深1.7m。池底设置废液、杂质收集穴，池口设置盖板。

（2）管理技术

1）育苗。西瓜可采用岩棉育苗。方法如下：先在槽盘中用清水浸透岩棉块，将催芽种子放入岩棉块中央孔隙，深1cm左右。孔隙较大时可覆盖1层蛭石或复合基质。之后覆盖地膜保湿，出苗后揭除。出苗后用喷壶从上方喷淋EC值为1.5mS/cm、pH为5.5~6.5的营养液。幼苗长出真叶后移栽至定植块中。先用清水将定植块浸透，然后将育苗岩棉块塞入定植块中央小孔中。几天后，根系即可下扎入定植块中。瓜类幼苗3片真叶前可用EC值为2.5~3.0mS/cm营养液浇灌。

2）定植。定植前3天先将岩棉垫上部定植位置薄膜划开，形成方洞或圆洞，然后用EC值为2.5~3.0mS/cm营养液彻底湿透，定植时只需把定植块摆放在方洞位置即可，将滴箭插到定植块上开始供液（图11-13）。

3）营养液管理。根据张力计法测定基质的含水量，确定供液量。可在温室中选择5~7个点，在每个点岩棉垫的上、中、下三层中安装3支张力计。根据每株西瓜所占岩棉基质体积和不同阶段适宜田间持水量，计算出每株西瓜需要的营养液量。一旦张力计显示基质水分下降10%时即开始供液，并可计算出供液量和供液时间。如岩棉电导度较高（EC值>3.5mS/cm）时，则需洗盐。方法：果实膨大期之前，增加供液时间或供应较低浓度营养液（EC值为1.0mS/cm左右）；果实膨大期之后，增加供液时间。

供液次数和时间。供液次数要多，每次供液时间要短。以Grodan岩棉为例，天气炎热、空气干燥、阳光充足时须多供液，一般每

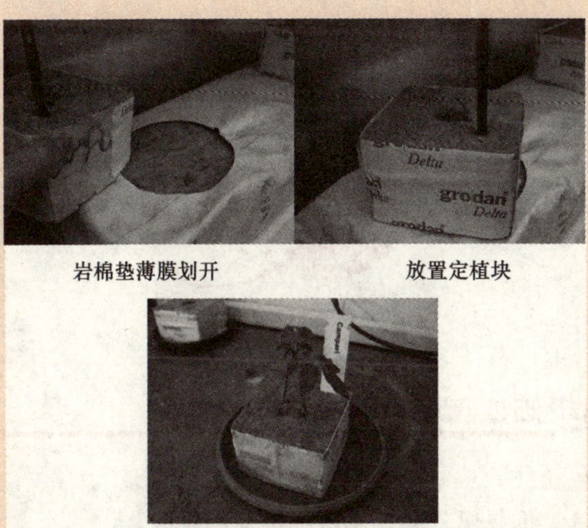

岩棉垫薄膜划开　　放置定植块

将幼苗定植于岩棉块

图 11-13　岩棉定植

天供液 20 次左右。阴天、多雨、空气湿度大时，供液次数可降至每天 5 次甚至更少。每次供液时间可取决于岩棉块电导度，一般情况下岩棉块电导度应为 1. 0mS/cm，每次排除的营养液应为供液总量的 15% ~20% 。

供液浓度应根据西瓜不同生育阶段确定。但需注意：从果实成熟前半个月开始至采收期，营养液浓度应逐步提高，以增加果实糖度，提高品质。EC 值上调后不能降低，否则易导致裂瓜。从果实成熟前半个月开始至采收期，可在每 1000kg 营养液中添加 0. 05kg 磷酸二氢钾，可提高西瓜品质。

4）pH 管理。采用 pH 计测定，pH 应保持在 5. 5 ~6. 5 之间，与 EC 值的测定同时进行。

第十二章

西瓜病虫害诊断与防治技术

第一节　西瓜侵染性病害诊断与防治

1. 猝倒病

【病原】　瓜果腐霉菌，属鞭毛菌亚门真菌。

【症状】　猝倒病主要在西瓜苗期发病。幼苗感病后茎基部呈水浸状，随病情发展感病部位迅速绕茎扩展，缢缩，后变成黄褐色干枯呈线状（彩图5）。

【发生规律】　病菌以卵孢子在土壤表土层中越冬，条件适宜时萌发产生孢子囊释放游动孢子或直接长出芽管侵染幼苗。借助雨水、灌溉水传播。病菌生长适温为15～16℃，适宜发病地温10℃，温度高于30℃时受到抑制。苗期遇低温高湿、光照不足环境易于发病。猝倒病多在幼苗长出1～2片真叶期发生，3片真叶后发病较少。

【防治方法】

1）农业措施。育苗床应地势较高、排水良好，施用的有机肥应充分腐熟。选择晴天浇水，不宜大水漫灌。加强苗期温度、湿度管理，及时放风降湿，防止出现10℃以下低温高湿环境。

2）床土处理。每平方米床土用50%福美双可湿性粉剂、25%甲霜灵可湿性粉剂、40%五氯硝基苯粉剂或50%多菌灵可湿性粉剂8～10g拌入10～15kg细土中配成药土，播种前撒施于苗床营养土中。出苗前应保持床土湿润，以防药害。发现病株应及时拔除。

3）药剂防治。发病初期用以下药剂防治：72.2%霜霉威盐酸盐水剂 800～1000 倍液、15% 噁霉灵水剂 1000 倍液、84.51% 霜霉威·乙膦酸盐可溶性水剂 800～1000 倍液、687.5g/L 氟吡菌胺·霜霉威悬浮剂 800～1200 倍液、69% 烯酰吗啉可湿性粉剂 600 倍液、64% 噁霜·锰锌可湿性粉剂 500 倍液等，兑水喷淋苗床，视病情每 7～10 天防治 1 次。

2. 白粉病

【病原】 瓜类单丝壳白粉菌，属子囊菌亚门真菌。

【症状】 整个生育期内均可发病，主要为害叶片，叶柄、茎蔓也可受害。发病初期叶片正面或背面产生近圆形小白色粉状斑，逐渐扩大成边缘不明显的连片粉斑。后期病斑上产生黄褐色小点，后变为黑褐色（彩图 6）。

【发生规律】 病菌以菌丝体或菌囊壳随寄主植物或病残体越冬，第二年春产生子囊孢子或分生孢子侵染植株。当田间温度 16～24℃、湿度 90%～95% 时，白粉病容易发生流行。高温干旱条件下，病情受到抑制。由于白粉病发生的温度范围较宽，因此已发病连作地块一般均可发生。

【防治方法】

1）农业措施。适当增施生物菌肥和磷、钾肥，避免过量施用氮肥。加强田间管理，及时通风换气，降低湿度。收获后及时清除病残体，并进行土壤消毒。

2）药剂防治。发病初期用以下药剂防治：30% 氟硅唑可湿性粉剂 2500～3000 倍液、25% 嘧菌酯悬浮剂 1500 倍液、10% 苯醚甲环唑水分散粒剂 2500～3000 倍液、62.25% 腈菌唑·代森锰锌可湿性粉剂 600 倍液、12% 腈菌唑乳油 2000～3000 倍液、32.5% 苯醚甲环唑·嘧菌酯悬浮剂 3000 倍液、10% 苯醚菌酯悬浮剂 1000～2000 倍液、70% 甲基硫菌灵可湿性粉剂 600～800 倍液、300g/L 醚菌·啶酰菌悬浮剂 2000～3000 倍液、75% 肟唑·戊唑醇水分散粒剂 2500～3000 倍液等，兑水喷雾，视病情每 5～7 天防治 1 次。

【禁忌】 西瓜白粉病防治不宜选用三唑酮类杀菌剂，否则易产生药害，导致西瓜节间变短，叶片簇生畸形（彩图 7）。

3. 叶枯病

【病原】 瓜交链孢菌，属半知菌亚门真菌。

【症状】 主要为害叶片。发病初期从叶缘或叶脉间出现水浸状褐色斑点，周围有黄绿色晕圈，后发展成为圆形或近圆形褐斑，遍布叶面，逐渐扩大融合为大斑，病部变薄，中心略凹陷，叶片大面积干枯呈深褐色，形成枯叶。茎蔓染病，表面产生梭形或椭圆形稍凹陷的褐斑。果实染病，果面产生褐色凹陷斑，可深入果肉，引起果实腐烂（彩图8）。

【发生规律】 病菌主要随病残体越冬或种子带菌。由气孔侵入，借气流、雨水传播，可发生多次重复再侵染。病菌在14～32℃、相对湿度高于80%时均可发病，发病适温为28～32℃，属高温高湿型病害。棚室湿度较大或多雨季节发病重，严重者在西瓜膨瓜期致大片叶片枯死，相对湿度低于70%的环境较难发病。施用未腐熟有机肥，种植密度过大，偏施氮肥，田间积水等易发病流行。连续晴天，日照时间长，对该病有抑制作用。

【防治方法】

1）农业措施。尽量实行轮作换茬。氮磷钾平衡施肥，及时通风降湿或排除田间积水。

2）药剂防治。发病初期用下列药剂进行防治：80%代森锰锌可湿性粉剂800倍液、50%异菌脲悬浮剂1000～1500倍液、50%腐霉利可湿性粉剂1000～1500倍液、30%嘧菌酯悬浮剂2500～3000倍液、70%甲基硫菌灵可湿性粉剂500倍液、20%嘧菌胺酯水分散粒剂1000～2000倍液、10%苯醚甲环唑水分散粒剂1500倍液、50%福美双·异菌脲可湿性粉剂800～1000倍液、560g/L嘧菌·百菌清悬浮剂800～1000倍液，兑水喷雾，视病情每5～7天防治1次。

4. 叶斑病

【病原】 瓜类明针尾孢霉菌，属半知菌亚门真菌。

【症状】 又称斑点病，多发生在西瓜生育中后期，主要为害叶片。初期在叶面出现暗绿色近圆形或不规则形病斑，病斑较小，略呈水渍状，逐渐发展成为黄褐色至灰白色坏死斑，病斑中间有一白色中心，周围可见黄色晕圈，潮湿时病斑产生灰褐色霉状物。当病情较重时，病斑遍布整个叶面，致使叶片坏死干枯（彩图9）。

【发生规律】 病菌以菌丝体随病残组织越冬或种子带菌。第二年条件适宜时产生分生孢子，借气流、雨水或农事操作传播。由气孔或直接穿透表皮侵入，经7~10天发病后产生新的分生孢子进行多次重复侵染。该病属高温高湿型病害，生长季节多阴雨、气温较高、棚室通风不良时病害加重。

【防治方法】

1）农业措施。提倡高垄覆膜，膜下暗灌栽培模式。棚室适时通风降湿、降温，避免田间积水。拉秧后及时清除病残体。

2）药剂防治。发病初期用下列药剂进行防治：50%异菌脲悬浮剂1000~1500倍液、80%代森锰锌可湿性粉剂800倍液、30%嘧菌酯悬浮剂2500~3000倍液、70%甲基硫菌灵可湿性粉剂500倍液、20%嘧菌胺酯水分散粒剂1000~2000倍液、10%苯醚甲环唑水分散粒剂1500倍液、50%福美双·异菌脲可湿性粉剂800~1000倍液、560g/L嘧菌·百菌清悬浮剂800~1000倍液、20%苯醚·咪鲜胺微乳剂2500~3000倍液、50%乙烯菌核利可湿性粉剂800倍液+75%百菌清可湿性粉剂600倍液等，兑水喷雾，视病情每5~7天防治1次。

5. 细菌性叶斑病

【病原】 丁香假单孢菌黄瓜致病变种，属细菌。

【症状】 又称细菌性角斑病，全生育期均可发生，主要为害叶片，果实和茎蔓也可受害。苗期染病，子叶或真叶产生黄褐色至黑褐色圆形或多角形病斑，严重时叶片或植株坏死干枯。成株发病，发病初期，叶片正面长出水浸状半透明小点，后扩大为浅黄色斑，边缘具有黄色晕环，叶背面呈现浅绿色水渍状斑，逐渐变成褐色病斑或呈灰白色破裂穿孔，受叶面限制呈多角形，湿度大时叶背面溢出白色菌脓。茎蔓染病，呈油渍状暗绿色，后龟裂，溢出白色菌脓。果实染病，果面长出油渍状黄绿色斑点，渐变成红褐色至暗褐色近圆形坏死斑，边缘黄绿色，随病情发展病部凹陷龟裂呈灰褐色，空气潮湿时表面可见乳白色菌脓（彩图10）。

【发生规律】 病原细菌可在种子内或随病残体在土壤中越冬。

从植株气孔、水孔、皮孔或伤口等侵入，借助棚膜滴水、叶片吐水、雨水、气流、昆虫或农事操作等进行传播。适宜发病温度为24~28℃，最高39℃，最低4℃，48~50℃条件下经10min病菌致死。病菌扩散、传播和侵入均需90%~100%的相对湿度或水膜存在等条件。生育期间多雨、重茬或过密种植均可加重病情。

【防治方法】

1）农业措施。提倡高垄覆膜、膜下暗灌栽培模式。棚室适时通风降湿，及时整枝吊蔓，及时摘除病叶或拔除病残体，病穴撒石灰消毒。

【注意】 棚室西瓜整枝、吊蔓等农事操作应尽量选择晴天或下午进行，阴天、上午露水较多，湿度较大时会加重病害发生。

2）药剂防治。细菌性叶斑病防治应以预防为主，发病初期用以下药剂防治：86.2%氧化亚铜水分散粒剂1000~1500倍液、46.1%氢氧化铜水分散粒剂1500倍液、27.13%碱式硫酸铜悬浮剂800倍液、47%加瑞农（春雷·王铜WP）可湿性粉剂800倍液、50%琥胶肥酸铜可湿性粉剂500倍液、88%水合霉素可溶性粉剂1500~2000倍液、3%中生菌素可湿性粉剂1000~1200倍液、20%噻菌铜悬浮剂1000~1500倍液、20%叶枯唑可湿性粉剂600~800倍液、33%喹啉酮悬浮剂800~1000倍液、14%络氨铜水剂300倍液、60%琥铜·乙膦铝可湿性粉剂500倍液、47%春雷·氧氯化铜可湿性粉剂700倍液、72%农用链霉素可湿性粉剂3000~4000倍液等，兑水喷雾，每5~7天防治1次。

6. 炭疽病

【病原】 瓜类葫芦科刺盘孢菌，属半知菌亚门真菌。

【症状】 全生育期均可发病。主要为害叶片、茎蔓、叶柄和果实。幼苗发病，子叶边缘出现圆形或半圆形稍凹陷的褐色病斑，外围常有黄褐色晕圈。严重时植株基部呈黑褐色，缢缩倒伏。成株发病，初为圆形或纺锤形水渍状斑，后干枯成黑色，有时出现同心轮纹和小黑点，干燥时病斑易穿孔，空气潮湿时表面产生粉红色小点。茎蔓和叶柄染病，病斑呈长圆形、浅黄色水渍斑，稍凹陷，后变黑，环绕茎蔓1周植株死亡。果实受害，初为褪绿水渍状褐色凹陷斑，凹陷处龟裂，湿度大时病斑中部产生粉红色黏稠物。幼瓜染病，果面出现水渍状浅绿色圆形斑，致幼瓜畸形或脱落（彩图11）。

【发生规律】 病菌随病残体在土壤中越冬或种子带菌。病菌从伤口或直接由表皮侵入，随雨水、灌溉水、昆虫或农事操作传播，形成初侵染，发病后病部产生分生孢子形成频繁再侵染。10～30℃均可发病，发病适温为20～24℃，适宜相对湿度为85%～95%。棚室湿度高，叶片吐水或结露，田间排水不良，行间郁闭，通风不畅，偏施氮肥均可诱发该病发生。

【防治方法】

1）农业措施。棚室西瓜提倡高垄覆膜、膜下暗灌或滴灌的栽培模式，避免田间积水。加强棚室温、湿度管理，及时放风降湿。避免阴雨天或露水未干前进行整枝、采收等农事操作，避免偏施氮肥。及时清除病果或病残体，收获后进行环境灭菌。

2）药剂防治。发病初期可采用以下药剂防治：25%溴菌腈可湿性粉剂800倍液、70%甲基硫菌灵可湿性粉剂700倍液、10%苯醚甲环唑水分散粒剂1000～1500倍液、80%代森锰锌可湿性粉剂800倍液、40%多·福·溴菌腈可湿性粉剂800～1000倍液、25%咪酰胺乳油1000～1500倍液、75%肟唑·戊唑醇水分散粒剂2500～3000倍液、20%唑菌胺酯水分散粒剂1000～1500倍液、60%唑醚·代森联水分散粒剂1500～2000倍液等，兑水喷雾，每7～10天防治1次。

棚室栽培西瓜也可采用45%百菌清烟剂250g/亩熏烟防治。

7. 霜霉病

【病原】 古巴假霜霉菌，属鞭毛菌亚门真菌。

【症状】 幼苗期和成株期均可发病，主要为害叶片。幼苗发病，子叶正面出现黄化褪绿斑，后变成不规则的浅褐色枯萎斑，湿度大时叶背面长出紫灰色霉层。成株多从下部老叶开始发病，初期叶面长出浅绿色水渍状斑点，逐渐变成黄褐色，沿叶脉扩展成为多角形病斑，湿度大时叶背面出现黑色霉层。病势由下而上逐渐蔓延。高湿条件下，病斑迅速扩展融合成大斑块，全叶黄褐色，干枯卷缩，下部叶片死亡（彩图12）。

【发生规律】 以卵孢子在土壤中或以菌丝体和孢子囊在棚室病株上越冬，第二年条件适宜时病菌借气流、雨水和灌溉水传播。病害温度适应范围较宽，在田间发生的气温要求为16℃，适宜流行的气温为20～24℃。高于30℃或低于15℃发病受到抑制。温度条件满足的条件下，高湿和降雨是病害流行的决定因素，尤其日平均气温在18～24℃、相对湿度大于80%时，病害迅速扩展。

【防治方法】

1）农业措施。选用抗病品种。合理轮作和施肥，及时排除田间积水。保护地栽培应合理密植，及时整蔓和棚室适时放风降湿等。

2）药剂防治。发病初期采用以下药剂防治：50%烯酰吗啉可湿性粉剂1000～1500倍液、72.2%霜霉威盐酸盐水剂800倍液、72%霜脲·锰锌可湿性粉剂800倍液、64%噁霜·锰锌可湿性粉剂400～500倍液、20%氟吗啉可湿性粉剂600～800倍液、687.5g/L霜霉威盐酸盐·氟吡菌胺悬浮剂800～1200倍液、84.51g/L霜霉威·乙膦酸盐水剂600～1000倍液、560g/L嘧菌·百菌清悬浮剂2000～3000倍液、25%甲霜灵可湿性粉剂800倍液、25%苯霜灵乳油350倍液、250g/L吡唑醚菌酯乳油1500～3000倍液、25%烯肟菌酯乳油2000～3000倍液、60%唑醚·代森联水分散粒剂1000～2000倍液等，兑水喷雾，视病情每5～7天防治1次。

棚室栽培西瓜也可用45%百菌清烟剂250g/亩、15%百菌清·甲霜灵烟剂200g/亩熏烟防治或于早晚用7%百菌清·甲霜灵粉尘剂1kg/亩喷粉防治。

8. 绵疫病

【病原】 瓜果腐霉菌，属鞭毛菌亚门真菌。

【症状】 苗期染病，常引发猝倒，结瓜期染病主要为害果实。地面湿度大，贴地表的果面容易发病。首先果面出现水渍状病斑，后褐变、软腐。环境湿度大时，病部长出白色绒毛状菌丝。后期病瓜腐烂，发出臭味（彩图13）。

【发生规律】 病菌以卵孢子在土壤中或以菌丝体在病残体上越冬。在表土层中越冬的，条件适宜时萌发产生孢子囊释放游动孢子或直接长出芽管侵染幼苗。借助雨水、灌溉水传播。病菌生长适温为22~24℃，适宜相对湿度为95%。

【防治方法】

1）农业措施。育苗床应地势较高、排水良好，施用的有机肥应充分腐熟。选择晴天浇水，不宜大水漫灌。加强苗期温度、湿度管理，及时放风降湿，防止出现10℃以下低温高湿环境。

2）药剂防治。发现病株应及时拔除。发病初期用以下药剂防治：72.2%霜霉威盐酸盐水剂800~1000倍液、15%噁霉灵水剂1000倍液、84.51%霜霉威·乙膦酸盐水剂800~1000倍液、687.5g/L氟吡菌胺·霜霉威悬浮剂800~1200倍液、69%烯酰吗啉可湿性粉剂600倍液、64%噁霜·锰锌可湿性粉剂500倍液、250g/L双炔酰菌胺悬浮剂1500~2000倍液等，兑水喷雾，视病情每5~7天防治1次。

9. 病毒病

【病原】 主要包括黄瓜花叶病毒、甜瓜花叶病毒、黄瓜绿斑驳花叶病毒、小西葫芦黄化花叶病毒等。

【症状】 主要表现为花叶型和蕨叶型。花叶型发病初期新叶出现明脉，随病情发展顶部叶片呈深、浅绿色或黄绿相间的花纹，叶片凹凸不平，皱缩变小或畸形，节间缩短，植株矮化，结果少而小，果实畸形，果面有褪绿斑驳。蕨叶型表现为新叶狭长，皱缩扭曲，植株矮化，顶端枝叶簇生，花器发育不良，难以坐瓜。上述两种类型均可产生畸形瓜或僵瓜，使西瓜失去商品利用价值（彩图14）。

【注意】 实际生产中西瓜病毒病症状类型复杂多样，有花叶、皱缩、黄化、褪绿、线形叶、孢斑、卷叶等，因此应根据植株实际情况，综合判断。

【发病规律】 病毒不能在病残体上越冬，借蚜虫或枝叶摩擦传毒，发病适温为20~25℃。高温、干旱条件下，蚜虫、白粉虱发生严重时发病较重。

【防治方法】

1）农业措施。培育无毒壮苗。施足有机肥，适当增施磷、钾肥，提高植株抗病力。温室放风口安装防虫网，秋延迟茬棚室遮盖遮阳网，降温防蚜、白粉虱和蓟马等。设置黄板诱蚜，并及时拔除病株。

2）药剂防治。蚜虫、白粉虱是病毒传播的主要媒介，可用以下杀虫剂进行喷雾防治：240g/L 螺虫乙酯悬浮剂 4000～5000 倍液、10% 吡虫啉可湿性粉剂 1000 倍液、3% 啶虫脒乳油 2000～3000 倍液、25% 噻虫嗪可湿性粉剂 2500～5000 倍液、2.5% 高效氯氟氰菊酯乳油 1500 倍液、10% 烯啶虫胺水剂 3000～5000 倍液。

发病前或初期用以下药剂防治：20% 吗啉胍·乙铜可湿性粉剂 500～800 倍液、2% 宁南霉素水剂 300～500 倍液、7.5% 菌毒·吗啉胍水剂 500～700 倍液、1.5% 硫铜·烷基·烷醇水乳剂 300～500 倍液、3.95% 吗啉胍·三氮唑核苷可湿性粉剂 800～1000 倍液、20% 盐酸吗啉胍可湿性粉剂 500 倍液、25% 吗呱·硫酸锌可溶性粉剂 500～700 倍液等，兑水喷雾，视病情每 5～7 天防治 1 次。

10. 根结线虫病

【病原】 南方根结线虫，属动物界线虫门。

【症状】 主要为害西瓜根系，在根上形成大小不一的球形或不规则形的根结，单生或串生，初期为白色，后变为浅褐色。地上部初期无明显症状，中后期中午温度升高时易萎蔫，发病重时植株矮化，地上部长势衰弱，叶片萎垂，植株由下向上变黄干枯，不结瓜或瓜小，严重时整株萎蔫死亡（彩图 15）。

【发生规律】 根结线虫以 2 龄幼虫或卵随病根在土壤中越冬，第二年条件适宜时越冬卵孵化为幼虫，幼虫侵入西瓜幼根，刺激根部细胞增生成根结或根瘤。根结线虫虫瘿主要分布于 20cm 表土层内，3～10cm 中最多。病原线虫具有好气性，活动性不强，主要通过病土、病苗、灌溉和农具等途径传播。温度 25～30℃，相对湿度 40%～70% 条件下线虫易发生流行。高于 40℃，低于 5℃ 活动较少，55℃ 经 10min 可致死。连作地块、沙质土壤、棚室等发生较重。

【防治方法】

1）农业措施。发病地块实行轮作，棚室西瓜夏季换茬时与禾本科作物，如甜玉米等轮作效果和生产效益良好。采用无病土育苗和深耕翻晒土壤可减少虫源。收获后及时彻底清除病残体。

2）物理防治。7～8月或定植前1周进行高温闷棚结合石灰氮土壤消毒、淹水等可降低病虫发生。

3）生物防治。利用生防制剂，如沃益多微生物菌等可有效减缓病虫危害。

4）药剂防治。可结合整地采用下列药剂进行土壤处理：5%阿维菌素颗粒剂3～5kg/亩、98%棉隆微粒剂3～5kg/亩、10%噻唑磷颗粒剂2～5kg/亩、5%硫线磷颗粒剂3～4kg/亩、5%丁硫克百威颗粒剂5～7kg/亩等。生育期间发病，可用1.8%阿维菌素乳油1000倍液、48%毒死蜱乳油500倍液灌根，每株250mL，每隔5～7天防治1次。

11. 疫病

【病原】 疫霉菌，属鞭毛菌亚门真菌。

【症状】 全生育期均可发病，主要为害叶片、茎蔓和果实。苗期发病，子叶出现水渍状暗绿色圆形斑，逐渐变为红褐色。幼茎基部受害，病部呈开水烫状软腐，后缢缩，倒折。叶片发病，多从叶缘开始出现水渍状圆形或不规则形大斑，呈暗绿色。随病情发展，在湿度较大情况下病斑腐烂或似开水烫过，干燥后变褐干枯，易破碎。茎蔓和叶柄发病，以幼嫩组织受害最重，先形成纺锤形水渍状暗绿斑，后病部缢缩，湿度大时呈软腐状，干燥时为灰褐色干腐。果实染病，果面形成暗绿色水浸状圆形凹陷斑，边缘不明显，湿度大时迅速扩展，致果实水烫状皱缩腐烂，病部表面长有白色霉状物（彩图16）。

【发生规律】 病菌以卵孢子或菌丝体随病残组织在土壤或未腐熟的粪肥中越冬。种子也可带菌。第二年条件适宜时病菌随雨水、灌溉水、气流或农事操作传播，从气孔或直接从表皮侵入。该病属高温高湿型病害，发病适温为25～30℃，最高为38℃，最低为8℃。85%以上的相对湿度会大大加快病害流行。棚室湿度过大，通风不良，田间积水，施用未腐熟有机肥，多雨季节等发病较重。

【防治方法】

1）农业措施。尽量与非瓜类作物轮作，重茬重病地块定植前消毒。棚室西瓜提倡高垄覆膜、膜下暗灌或滴灌的栽培模式，避免田间积水。加强棚室温、湿度管理，及时放风降湿，氮磷钾平衡施肥，避免偏施氮肥。及时清除病果或病残体，收获后进行环境灭菌。

2）药剂防治。发病初期选用以下药剂防治：72.2%霜霉威盐酸盐可湿性粉剂 800～1000 倍液、72%霜脲·锰锌可湿性粉剂 700 倍液、20%氟吗啉可湿性粉剂 600～800 倍液、50%烯酰吗啉可湿性粉剂 2500 倍液、72%丙森·膦酸铝可湿性粉剂 800～1000 倍液、68.75%氟菌·霜霉威可湿性粉剂 600 倍液、60%吡唑·代森联可湿性粉剂 1200 倍液、58%甲霜·锰锌可湿性粉剂 500 倍液、66.8%丙森·异丙菌胺可湿性粉剂 600～800 倍液、687.5g/L 霜霉威盐酸盐·氟吡菌胺悬浮剂 800～1200 倍液等，兑水喷雾，视病情每 5～7 天防治 1 次。

【注意】 疫病流行性极强，生产中采用“上喷下灌”的防治效果较好。即除用上述药剂喷雾防治外，还可同时用药剂灌根。

12. 蔓枯病

【病原】 瓜类球腔菌，属半知菌亚门真菌。

【症状】 又称褐斑病，全生育期均可发病，主要为害茎蔓、叶片或叶柄。叶片发病初期，从叶缘开始长有褐色病斑，呈圆形或半圆形，病斑边缘与健部组织界限分明。后病斑扩大并融合成不规则形，病斑中心浅褐色，边缘深褐色，有同心轮纹，并产生黑色小点。湿度大时迅速扩展至全叶，整个叶片枯死。叶柄受害初期基部出现水渍状小斑，后变成褐色梭形或不规则形坏死斑，病部缢缩，着生小黑点，其上部叶片枯死。茎蔓发病初期，节间部位出现浅黄色油渍状斑，病部分泌赤褐色胶状物。后期病斑干枯，凹陷，呈白色，其上着生黑色小粒点。果实染病，初也呈油渍状，不久变为暗褐色坏死斑，后病斑呈星状开裂，内部木栓化干腐（彩图 17）。

【发病规律】 病菌以分生孢子或子囊壳随病残体在土壤或棚室内越冬，借气流、雨水、灌溉水等传播和再侵染。从茎蔓节间、叶片等气孔或伤口侵入。种子也可带菌 18 个月以上。适宜发病温度为 20～30℃，最高生长温度为 35℃，最低生长温度为 5℃。适宜相对湿度为 80%～92%。棚室内高温高湿，土壤酸化（pH 为 4～6），蔓叶郁闭，通风不良，排水不畅等均利于发病。

【防治方法】

1）农业措施。与非瓜类作物轮作。提倡高畦或起垄种植，避免大水漫灌。施用的有机肥充分腐熟，适当增施磷钾肥，防止后期脱肥。拉秧后及时清除病残体等。

2）药剂防治。发病初期用以下药剂防治：80%代森锰锌可湿性粉剂600倍液、43%戊唑醇悬浮剂2000～3000倍液、10%苯醚甲环唑水分散粒剂1200倍液、50%甲基硫菌灵可湿性粉剂1000～1500倍液、40%氟硅唑乳油3000～4000倍液、2.5%咯菌腈悬浮种衣剂1000～1500倍液、325g/L苯甲·嘧菌酯悬浮剂1500～2500倍液、60%吡唑·代森联可湿性粉剂1200倍液、30%琥胶肥酸铜可湿性粉剂500～800倍液+70%代森联悬浮剂700倍液等，兑水喷雾，视病情每5～7天防治1次。

【提示】 蔓枯病发病严重时，可将药剂用量加倍后用毛刷涂刷病茎。

13. 枯萎病

【病原】 尖镰孢菌黄瓜专化型，属半知菌亚门真菌。

【症状】 西瓜枯萎病属于土传病害，全生育期均可发病。苗期染病，子叶萎蔫，茎基部褐变萎缩，倒伏，剖茎可见维管束变黄。成株发病初期，植株生长缓慢，根系变褐，叶片自下而上逐渐萎蔫，似缺水状，中午症状表现明显，早晚可恢复。随病情发展叶片枯萎下垂，植株枯死。同时茎蔓基部缢缩褐变，病部出现纵裂，裂口处出现琥珀色流胶或水渍状条斑，潮湿环境下病部产生粉红色霉层。剖开根、蔓，维管束呈褐色。潮湿条件下病株根部发病初呈水浸状褐色，严重时变褐腐烂，易拔起（彩图18）。

【提示】 应注意枯萎病与疫病的区别，疫病病株不流胶，常自叶柄基部发病，发病部位以上茎蔓枯死，病部明显缢缩。

【发病规律】 病菌主要以厚垣孢子、菌丝体或菌核在土壤病残体或未腐熟肥料中越冬或种子带菌。病菌在田间随雨水、灌溉水、未腐熟有机肥、地下害虫等传播，属积年流行病害。条件适宜时，病菌通过根部伤口或根尖侵入。发病温度为4～34℃，最适温度为24～28℃，35℃以上病害受抑制。但苗期16～18℃最易发病。空气相对湿度90%以上极易发生此病。此外，根系发育不良或有伤口、排水不良、害虫较多、土壤酸化等均有利于发病。该病害从结瓜至采收期间易发生，生产上应加以重视。

【防治方法】

1）农业措施。注意换茬轮作。施用充分腐熟的有机肥。提倡高垄覆膜栽培，小水灌溉，忌大水漫灌。适当增施生物菌肥以及氮磷钾平衡施肥，提高植株抗性。适时通风降湿。收获后及时清除病残体和进行土壤消毒。

2）嫁接防病。用南瓜砧木进行嫁接栽培防病效果明显。

3）土壤处理。西瓜连作棚室可用石灰稻草法或石灰氮进行土壤消毒，并在定植前几天大水漫灌和高温闷棚。

4）药剂防治。发病前至发病初期用下列药剂防治：70%噁霉灵可湿性粉剂2000倍液、3%噁霉·甲霜水剂600～800倍液、45%噻菌灵悬浮剂100倍液、50%甲基硫菌灵可湿性粉剂500倍液、80%代森锰锌可湿性粉剂600倍液、50%多菌灵可湿性粉剂500倍液、50%苯菌灵可湿性粉剂500～1000倍液、60%甲硫·福美双可湿性粉剂600～800倍液等，兑水灌根，每株250mL，视病情每5～7天防治1次。

14. 灰霉病

【病原】 灰葡萄孢菌，属半知菌亚门真菌。

【症状】 主要为害幼瓜、叶片、花、茎蔓。苗期发病，心叶烂头枯死，病部产生灰色霉层。叶片感病，病菌先从叶片边缘侵染形成水渍状病斑，病斑略呈V字形、半圆形或不规则形，并向叶片深度扩展，颜色变为红褐色或灰褐色，表面有浅灰色霉层。花瓣受害，形成水渍状腐烂，受害部位上着生灰色霉层，后花器官枯萎脱落。果实受害，多从果蒂部开始发病，初为水渍状软腐，病部产生灰色霉层，后变为黄褐色干缩或脱落（彩图19）。

【发生规律】 病菌以菌核、菌丝体或分生孢子在土壤和病残体上越冬。从植株伤口、花器官或衰老器官侵入，花期是染病高峰期。借气流、灌溉或农事操作传播。病菌生长适宜温度为 18～23℃，最高 30～32℃，最低 4℃。空气相对湿度 90% 以上、棚室滴水、植株表面结露易诱发此病，属低温高湿型病害。

【防治方法】

1）农业措施。棚室西瓜提倡高垄覆膜、膜下暗灌或滴灌的栽培模式。适时通风换气，降低湿度。及时进行整枝、打杈、打老叶等植株调整，摘（清）除病果、病花、病叶或病残体。氮磷钾平衡施肥促植株健壮。

> 【提示】 棚室西瓜脱落的烂花或病卷须落在叶片上易引发灰霉病，因此植株下部败花、茎须等应装在随身塑料袋中及时带出棚室集中销毁。

2）药剂防治。棚室西瓜拉秧后或定植前采用 30% 百菌清烟剂 0.5kg/亩、20% 腐霉利烟剂 1kg/亩或 20% 噻菌灵烟剂 1kg/亩熏闷棚 12～24h 灭菌。或采用 40% 嘧霉胺悬浮剂 600 倍液、50% 敌菌灵可湿性粉剂 400 倍液、45% 噻菌灵可湿性粉剂 800 倍液等进行地表和环境灭菌。

发病初期采用以下药剂防治：50% 腐霉利可湿性粉剂 1500～3000 倍液、40% 嘧霉胺可湿性粉剂 800～1200 倍液、50% 嘧菌环胺可湿性粉剂 1200 倍液、30% 福·嘧霉可湿性粉剂 800～1000 倍液、45% 噻菌灵可湿性粉剂 800 倍液、25% 啶菌噁唑乳油 1000～2000 倍液、2% 丙烷脒水剂 800～1200 倍液、30% 异菌脲·环己锌乳油800～1000 倍液等，兑水喷雾，每 5～7 天防治 1 次。

15. 褐色腐败病

【病原】 辣椒疫霉菌，属鞭毛菌亚门真菌。

【症状】 主要为害叶片、茎蔓和果实，苗期和成株期均可发病。叶片染病，初生暗绿色水浸状病斑，后病叶软腐下垂，病斑变为暗褐色，干枯易脆裂。茎部染病，病部出现暗褐色纺锤状水浸斑，随病情发展，茎蔓变细产生白色霉层，后干枯。蔓先端染病后，侧枝发生增加。果实染病，果面初生圆形凹陷斑，病部呈水浸状暗绿色，后变为暗褐色或暗赤色。该病扩展较快，西瓜果实染病后很快腐败，造成较大损失（彩图20）。

【发生规律】 病菌以卵孢子在土壤中越冬，第二年条件适宜时产生初侵染，产生分生孢子后造成重复侵染。借雨水、灌溉水传播。高湿条件下，土壤酸化、排水不畅地块以及果实接触湿润地面时易发病。

【防治方法】

1）农业措施。施用充分腐熟的有机肥，尽量减少氮素化肥用量。前茬收获后及时翻地，雨后及时排水，严禁田间积水。

2）药剂防治。发病初期，棚室栽培西瓜可用45%百菌清烟剂200~250g/亩熏烟防治。方法是每棚放置4~5处，暗火点燃，闭棚一夜，第二天早晨通风。也可采用下列药剂防治：687.5g/L霜霉威盐酸盐·氟吡菌胺悬浮剂800~1200倍液、57%烯酰·丙森锌水分散粒剂2000~3000倍液、76%丙森·霜脲氰可湿性粉剂1000~1500倍液、66.8%丙森·异丙菌胺可湿性粉剂600~800倍液、76%霜·代·乙膦铝可湿性粉剂800~1000倍液等，兑水喷雾，每5~7天防治1次。

16. 细菌性果腐病

【病原】 类产碱假单胞菌西瓜亚种，属细菌。

【症状】 主要为害幼苗和果实。幼苗发病，常沿叶片中脉出现不规则形褐色病斑，可扩展至叶缘，叶背呈水浸状。果实染病，果面出现灰绿色至暗绿色水浸状斑点，后迅速扩展成大型不规则病斑，龟裂或变褐，果实腐烂，并分泌黏质琥珀色物质（彩图21）。

【发生规律】 病菌随病残体在土壤中或附着在种子上越冬，带菌种子是远距离传播的主要途径。病菌在田间借气流、雨水、灌溉水以及昆虫、农事操作等传播，由气孔或伤口侵入。在气温24~28℃潮湿环境下，病菌经1h即可侵入叶片，潜育期3天。高湿、多雨、大水漫灌、田间积水时易发病。

【防治方法】

1）农业措施。提倡与禾本科、豆科等非瓜类蔬菜轮作。施用充分腐熟的有机肥。棚室栽培提倡膜下暗灌，及时放风降湿。爬地栽培膨瓜期注意垫瓜，防止烂瓜。

2）种子处理。播前种子用40%福尔马林150倍液浸种30min或90%新植霉素（土霉素·链霉素）可湿性粉剂2000倍液浸种1h或72%农用链霉素可湿性粉剂1000~1500倍液浸种2h，洗净后清水浸种6~8h再催芽播种。

3）药剂防治。参考西瓜细菌性叶斑病防治方法。

17. 酸腐病

【病原】 卵形孢霉菌，属半知菌亚门真菌。

【症状】 主要为害半熟瓜，病瓜初呈水渍状，之后软腐，在病部表面产生一层紧密的白色霉层，逐渐呈颗粒状，有酸臭味。瓜皮受伤后更易受到侵染，严重时造成大批果实腐烂（彩图22）。

【发生规律】 以菌丝体在土壤中越冬，腐生性强，借气流、雨水或灌溉水传播。病菌多从西瓜与地面接触处或伤口侵入，并传播蔓延和进行再侵染。该病害属高温高湿型病害，一般结瓜期间高温多雨、田间湿度高时发病重。

【防治方法】

1）农业措施。提倡高垄或高畦栽培。注意加强结瓜期管理，减少生理裂口或生理伤口，雨后及时排除田间积水。避免大水漫灌，及时拔除发病植株。收获后及时清园，减少田间菌源。

2）药剂防治。发病初期，采用以下药剂防治：77%氢氧化铜可湿性粉剂800~1000倍液、70%甲基硫菌灵可湿性粉剂600倍液、33.5%喹啉酮悬浮剂800~1000倍液、250g/L醚菌酯悬浮剂1500~2000倍液、68.75%噁唑菌酮·锰锌水分散粒剂1000~1500倍液等，兑水喷雾，每7~10天防治1次。

第二节 西瓜生理性病害诊断与防治

1. 化瓜

【症状】 幼瓜发育一定时间后停止生长，表皮褪绿变褐，幼瓜萎缩，直至干枯、脱落（彩图23）。

【病因】

1）雌花发育不良或未受精，尤其花期遇阴雨天气，棚室内湿度过大，花粉易吸湿破裂或昆虫活动较少，雌花未正常授粉，导致子房膨大终止。

2）肥水管理不当，花期肥水过多造成植株徒长引发化瓜或肥水不足，植株长势弱也易引发落花、落果。

3）花芽分化异常，造成雌花、雄花器官畸形。

4）光温环境不良，温度过高或过低，光照不足均可导致化瓜。

【防治方法】

1）育苗过程中预防低温或高温危害，以防花芽分化异常，降低畸形花率。

2）合理水肥运筹。应重施底肥，氮磷钾平衡追肥，尤其伸蔓期应酌减氮肥用量，并适当控制浇水，严防植株徒长。

3）放熊蜂授粉或人工辅助授粉，必要时幼瓜喷施坐瓜灵保果。

【小窍门】>>>>

徒长瓜田，可在授粉后将瓜后茎蔓用手捏一下，以减少养分向顶端运输，促养分集中供应幼瓜。

2. 裂瓜

【症状】 可分为生育期裂瓜和采收期裂瓜两类。多在果实膨大期从尾端纵向开裂，失去商品利用价值。

【病因】

1）与品种有关，品种皮薄不韧，易造成生育期和采收期裂瓜。

2）雌蕊授粉不均匀，幼瓜果实发育不平衡，从果面不膨大部分开裂。

3）膨瓜期或采收前期土壤干旱，突然浇水或遇连续阴雨天气，果肉生长速度快于瓜皮，导致裂瓜。

4）果实前期发育温度较低，而后突遇升温，果实迅速膨大，造成裂瓜。

5）土壤硼、钙、钾素等元素含量不足，果皮硬度和韧性不够，易裂瓜（彩图24）。

【防治方法】

1）选用耐裂品种。

2）加强水分管理，尤其花果期浇水不宜忽大忽小。

3）采取合理的保温和放风降温、降湿措施，防止室内温度变化过快。

4）花果期喷施硼、钙、硅等叶面微肥。

5）傍晚采收可减少裂瓜。

3. 畸形瓜

【症状】 畸形瓜主要表现为偏头瓜、大肚瓜、尖嘴瓜等，是由花芽分化和果实发育过程中环境不良或栽培措施不当等因素造成的，失去商品利用价值（彩图25）。

【病因】

1）花芽分化期间，因低温等因素导致植株吸收钙、锰等微量元素不足。

2）花芽分化阶段养分供应不均衡，前期肥水不足，后期水肥充足易形成宽肩厚皮瓜。

3）花期授粉不匀，果实发育不平衡易形成偏头瓜。

4）果实发育期养分、水分和光照不足，果实不能充分膨大而形成尖嘴瓜。

【防治方法】

1）加强苗期管理，注意温、湿度调控，避免低温影响花芽正常分化。

2）苗期注意养分均衡供应，尤其4～5叶期应叶面喷施钙、锰等微肥。

3）人工辅助授粉时注意花粉应均匀涂抹于柱头上，以提高授粉质量。

4）膨瓜期加强肥水管理。

4. 脐腐病

【症状】 一般膨瓜期易发此病，发病初期果实脐部呈水浸状暗绿色或深绿色，后变为暗褐色，病部瓜皮失水，病部中央扁平或呈凹陷状，有时出现同心轮纹，果肉一般不腐烂。病斑圆形或呈边缘平滑的不规则状，空气潮湿时病部因真菌滋生产生黑色霉层（彩图26）。

【病因】 氮肥施用过多影响钙素吸收以及果实膨大期突然干旱缺水，导致西瓜脐部大量失水，均可诱发此病。植物生长调节剂施用不当也会出现脐腐病。

【防治方法】 选用抗病品种。瓜田重施有机肥。果实膨大期应加强肥水供应，促进正常膨瓜。易发病地块，可在花果期叶面喷施0.3%~0.5%硝酸钙溶液或微补钙力800倍液、微补果力600倍液，及时补充钙素。

5. 日灼病

【症状】 夏季露地西瓜果实生育后期，因太阳强光灼伤，果面出现椭圆形或不规则形大小不等的白斑，病部受伤害后常腐生杂菌。

【病因】 由太阳强光长时间直接照射果实所致。

【防治方法】 合理密植，栽植密度不宜过稀，以免果实无茎叶遮盖长时间接受曝晒。必要时可覆草遮盖或及时“翻瓜”。

6. 黄带果（粗筋果）

【症状】 膨瓜初期，果实中央或胎座部分维管束变为黄色带状纤维，并可发展成为黄色粗筋。黄带果实糖度较低，口感差（彩图27）。

【病因】 黄带果的产生与温度、肥水和营养供应有关。植株前期生长过旺，果实成熟过程中如果遇低温或叶片受损导致茎叶向果实运输养分不足或受阻，而果实成熟时仍保留发达的维管束所致。土壤缺钙，高温干旱、低温、土层干燥、缺硼等均影响钙素吸收，从而使黄带果增加。另外，南瓜砧木嫁接西瓜也易产生黄带果。

【防治方法】 合理施用氮肥，防止西瓜营养生长过旺。在施足基肥的基础上，幼瓜期叶面喷施钙肥、硼肥等微肥。高温季节应加强肥水管理，增强根系吸收能力。

7. 空洞瓜

【症状】 西瓜成熟时果实内果肉开裂，出现横断或纵断缝隙空洞，商品品质下降（彩图28）。

【病因】 由低温或干旱条件下，瓜瓤不同部位生长发育不均衡引发。横断空洞瓜多发生于低节位瓜或低温、干旱环境下结瓜，前期因种子数量少，输送养分不足，心室未能充分膨大，后遇高温后果皮发育加快，形成空洞。纵断空洞瓜是由于果实膨大后期，果皮附近果肉组织仍继续发育，造成瓜内部组织发育不均衡所致。

【防治方法】

1）选择主蔓第2~3雌花坐瓜。

2）注意氮磷钾平衡施肥和重施有机肥，膨瓜期追施叶面微肥。

3）合理整枝理蔓，促营养生长和生殖生长协调。

8. 晶瓜

【症状】 又称果肉“溃烂病”，分为太阳晶瓜和水晶瓜两种。外观与正常瓜相同，剖开可见种子周围果肉呈水渍状，红紫色或黄冻状，严重时种子周围细胞崩裂似渗血状，果肉变硬，半透明，有异味，失去食用价值（彩图29）。

【病因】 果实在高温、强光环境下，无叶片遮盖，易形成太阳晶瓜。棚室栽培西瓜膨大后期，土壤干湿变化较快、根系活力和吸收能力下降或植株脱肥、长势弱易造成水晶瓜。叶片损伤和高温环境，导致果肉乙烯增加，呼吸异常，肉质变劣。

【防治方法】 重施有机肥，促土壤通透性提高。加强水分和整枝管理，促进根系发育和功能提升。高温强日下注意翻瓜或以草盖瓜。

9. 沤根

【症状】 幼苗、植株地上部分生长停滞，长时间无新叶抽生。已发叶片有黄化趋向，叶缘发黄皱缩，呈焦枯状，严重时植株萎蔫、干枯。发病植株根色由白变黄，不生或少生新根，严重时根呈铁锈色、腐烂，引发死苗。

【病因】 苗期或定植初期，遇低温阴雨天气，造成土壤湿冷缺氧引发此病。尤其低洼地、黏土地透水不良，雨（水）后未及时放风降湿会加重病情。另外，定植伤根、分苗时浇水过多均可诱发沤根。

【防治方法】

1）选择排水良好，通透性好的壤土地块育苗或种植。

2）苗期低温下水分管理提倡小水勤浇，忌大水漫灌，雨后注意排水。浇水宜在早晚进行，忌晴天中午或阴天浇水。

3）选择冷尾暖头的晴天适时定植。

4）发生沤根棚室，应加强通风，降低棚内湿度，同时可叶面喷施0.2%磷酸二氢钾溶液、赛德生根壮苗700倍液或叶面微肥补充养分，并可结合浇水冲施。

10. 无头封顶苗

【症状】 西瓜幼苗生长点退化，不能正常抽生新叶，只有2片子叶，有时虽能形成1～2片真叶，但无生长点，叶片萎缩（彩图30）。

【病因】 苗期长时间遇低温、阴雨天气，根系吸收不良，幼苗营养生长较弱或苗期突遇寒流侵袭，幼苗生长点分化受抑均可引发此病。另外，陈种子生活力低、肥害烧根、药害、病虫害等均可导致无头苗的出现。

【防治方法】 选用发芽势强的种子播种育苗。加强苗床管理，增加保温增温设施，及时通风降湿，对已受害的僵化苗可适当追施叶面肥促新叶萌发。注意防止肥害，尤其有挥发性肥料施用后及时放风。按照规程说明，合理使用农药防治病虫害。

11. 冷害

【症状】 早春苗床或棚室均可发生。西瓜5℃以下即发生冷害，轻者叶片边缘呈黄白色，造成生长停顿或大缓苗；稍重者叶缘卷曲，干枯，生长点停止生长，形成僵苗。严重时，植株发生生理失水，变褐枯死（彩图31）。

【病因】 育苗期或定植后棚室设施性能不佳或未炼苗、炼苗不足等，遇低温幼苗易发生冷害。

【防治方法】

1）改善育苗环境，保障苗期光温需求，促壮苗培育。

2）注意天气变化，简易棚室应及时增设小拱棚、保温幕帘等多层覆盖，以提温保温。

3）发生冷害后，勿使棚温迅速上升，以免根系吸水不足，蒸腾加大致生理失水。在管理上，棚室可适当通风使室温缓慢回升，避免短时间内升温过快。同时，可叶面喷施天达2116防冷害发生。

12. 高脚苗

【症状】 多发生于苗期，主要表现为下胚轴细长、纤弱，易感病害（彩图32）。

【病因】 早春育苗苗床湿度过大，光照不足，播种密度过大，幼苗拥挤等均可形成高脚苗。另外，夏秋季高温下育苗，光照不足也可引发高脚苗。

【防治方法】

1）苗期应加强管理，使播种密度合理，适时通风降温、降湿，注意增加光照。

2）苗期合理肥水运筹、平衡施肥、追施叶面微肥等促根系发育，培育壮苗。

13. 缺硼症

【症状】 从伸蔓期开始，生长点发育受抑，叶片变小，叶面皱缩，凹凸不平。不开花或开花少，花器官发育不良或畸形。难坐瓜，畸形瓜或空心瓜率增加。

【病因】 酸性或沙性土壤易缺硼，广东、海南、江西等南方地区瓜田易发缺硼症。施用钾肥过量影响西瓜对硼肥的吸收。土壤干旱缺水，根系吸收硼素不足，也可引发缺硼症。

【防治方法】

1）施用基肥时，可结合有机肥每亩施入11%的硼砂1kg或持力硼200~400g。

2）当西瓜长至4~5节时，可叶面喷施硼砂50~100g/亩或速乐硼1500倍液，连喷2次。

3）发生症状时，可用微补硼力3000倍液灌根或叶面喷施速乐硼1500倍液。

> **【注意】** 硼肥不宜与过磷酸钙或尿素混施，以免硼素被固定失效。

14. 缺钙症

【症状】 幼叶叶缘黄化，叶片卷曲，老叶绿色不表现症状。生长点发育受抑，茎蔓顶端变褐枯死。植株矮小，节间变短，顶芽、侧芽、根尖易枯萎或腐烂死亡。果实发病即为脐腐病（彩图 33）。

【病因】 西瓜种植于酸性土壤易发缺钙症。土壤干旱或钾肥施用过多均阻碍西瓜对钙素的吸收。

【防治方法】

1）重施有机肥，增强土壤养分全面均衡供应能力。

2）酸性土壤应进行土壤改良，施用石灰质肥料调土壤 pH 至中性，可缓解缺钙症状。

3）易缺钙地块及时叶面喷施 0.3%~0.5% 硝酸钙溶液或微补钙力 800 倍液、微补果力 600 倍液，及时补充钙素。

15. 缺镁症

【症状】 初期西瓜自老叶开始在叶脉之间出现褪绿现象，后叶脉间出现灰色或褐色的坏死斑，西瓜生长缓慢，严重者整株西瓜叶片干枯（彩图 34）。

【病因】 氮肥用量过大引发土壤酸化或碱性土壤均可阻碍镁吸收。低温、干旱条件下根系吸收不良也可导致缺镁。

【防治方法】 视病情程度，叶面喷施 1%~2% 硫酸镁或螯合镁溶液2~3次。补镁时适当增施钾肥、锌肥。

16. 缺钾症

【症状】 老叶边缘呈现褐色焦枯状，茎蔓变细。

【病因】 土壤缺钾或钾肥用量不足。

【防治方法】 定植时增施有机肥。膨瓜期叶面喷施 0.1% 磷酸二氢钾溶液。

17. 缺铁症

【症状】 叶片叶脉间黄化，叶脉正常。

【病因】 碱性土壤，土壤过干过湿，低温均易引发西瓜缺铁。此外，土壤中铜、锰、磷含量过高可阻碍西瓜吸收铁素引发缺铁症。

【防治方法】 合理水分管理，忌过干过湿。土壤 pH 近中性时减少碱性肥料施用。必要时叶面喷施 0.1%~0.2% 硫酸亚铁溶液。

18. 缺氮症

【症状】 西瓜伸蔓期等营养生长阶段容易出现缺氮症，主要表现为上部叶片颜色变浅、叶片变小、生长缓慢。

【病因】 氮肥施用不足。

【防治方法】 根外冲施、叶面喷施速效氮肥。

19. 缺锌症

【症状】 西瓜枝条纤细，节间变短，叶片向叶背翻卷，叶尖和叶缘变褐并逐渐焦枯，叶片发育不良。

【病因】 碱性或中性土壤有效锌含量低于0.5mg/kg，酸性土壤有效锌含量低于1.5mg/kg时易缺锌。土壤碱性，大量施用氮肥，含磷量高以及有机质含量低或土壤缺水均易诱发缺锌。土壤中铜、镍不平衡也是缺锌的原因之一。

【防治方法】 加强田间管理，增施有机肥，必要时叶面喷施0.1%硫酸锌溶液。

20. 缺铜症

【症状】 幼叶失绿变黄，易干枯脱落。

【病因】 土壤缺素。

【防治方法】 结合施肥，根外冲施适量硫酸铜。

【注意】 根据植株长势确定追肥是西瓜肥水管理的一项重要依据，如新生叶片长成后叶面积明显减少，叶片变薄则为脱肥叶相，应及时补充肥水。

西瓜缺素的判断可根据营养元素在植物体内的移动性辅助判断。缺素时，氮、磷、钾、镁、锌、硼、钼等元素可从老叶等部位移动至幼嫩部位重新利用，因此老叶等部位首先出现缺素症状。而钙、硫、铁、锰、铜等则属于难移动元素，缺素时嫩叶等部位首先出现症状。

第三节 西瓜虫害诊断与防治

1. 瓜蚜

【为害分布】 瓜蚜又称棉蚜，属同翅目蚜科。全国各地均有分布，是病毒病等多种病害的传播媒介，对西瓜生产危害较大。

【危害与诊断】 成虫和若虫主要在叶片背面或幼嫩茎蔓、花蕾和嫩梢上以刺吸式口器吸食汁液为害。嫩叶和生长点受害后，叶片卷缩，生长停滞。功能叶片受害后提前枯黄，叶片功能期缩短，导致减产（彩图35）。

无翅孤雌蚜体长1.5~1.9mm，夏季多为黄色，春、秋季为墨绿色至蓝黑色。有翅孤雌蚜体长1.2~1.9mm，头、胸黑色。无翅胎生蚜体长1.5~1.9mm，夏季黄色、黄绿色，春、秋季墨绿色。有翅胎生蚜体黄色、浅绿色或深绿色。若蚜黄绿色至黄色，也有蓝灰色。

【发生规律】 华北地区每年发生10多代，长江流域每年发生20~30代。以卵越冬或以成虫、若虫在保护地内越冬繁殖。第二年春季6℃以上时开始活动，北方地区于4月底有翅蚜迁飞到露地蔬菜等植物上繁殖危害，秋末冬初又产生有翅蚜迁入保护地。春、秋季和夏季分别10天左右和4~5天繁殖1代。繁殖适温为16~20℃，北方地区气温超过25℃、南方超过27℃、相对湿度75%以上不利于其繁殖。

【防治方法】

1）农业措施。棚室通风口处加装防虫网，及时拔除杂草、残株等。积极推行物理防治和生物防治方法。

2）物理防治。在温室西瓜上方张挂30cm×50cm粘虫黄板（每亩20~30张），高度以与植株顶端平齐或略高为宜，悬挂方向以板面东西向为佳。或采用银灰色地膜覆盖驱避蚜虫。

3）生物防治。可在棚室内放养丽蚜小蜂等天敌治蚜。具体方法是西瓜定植后1周左右，初期可按照3头/m^2的标准，撕开悬挂钩将卵卡悬挂于植株下部，根据虫害发生情况，每7天释放1次，持续释放3~4次直至虫害得以控制为止。具体方法参照卵卡说明书进行。

4）药剂防治。适时进行药剂防治：棚室可采用10%敌敌畏烟熏剂、15%吡·敌畏烟熏剂、10%灭蚜烟熏剂、10%氰戊菊酯烟熏剂等，每次用量0.3~0.5kg/亩。

采用10%吡虫啉可湿性粉剂1500~2000倍液、3%啶虫脒乳油2000~3000倍液、240g/L螺虫乙酯悬浮剂4000~5000倍液、25%噻虫嗪水分散粒剂6000~8000倍液、50%抗蚜威可湿性粉剂2000~3000倍液、10%氯噻啉可湿性粉剂2000~3000倍液、20%氰戊菊酯乳油2000倍液、48%毒死蜱乳油3000倍液、2.5%氯氟氰菊酯乳油3000~4000倍液、3.2%烟碱川楝素水剂200~300倍液、1%苦参素水剂800~1000倍液等，兑水喷雾，视虫情每7~10天防治1次。

2. 白粉虱

【为害分布】 白粉虱属同翅目，粉虱科，是北方棚室蔬菜栽培过程中普遍发生的虫害，可为害几乎所有蔬菜类型，也是病毒病等多种病害的传播媒介。

【危害与诊断】 白粉虱成虫或若虫群集以锉吸式口器在西瓜叶背面吸食汁液为害，致使叶片褪绿变黄、萎蔫。其分泌的大量蜜露可污染叶片和果实，诱发煤污病，造成西瓜减产或商品利用价值下降（彩图36）。

成虫体长1.0~1.5mm，浅黄色，翅面覆盖白色蜡粉。卵为长椭圆形，长约0.2mm，基部有卵柄，柄长0.02mm，从叶背气孔插入叶片组织中取食。初产时浅绿色，覆有蜡粉，而后渐变为褐色，孵化前呈黑色。若虫体长0.29~0.8mm，长椭圆形，浅绿色或黄绿色，足和触角退化，紧贴在叶片上营固着生活。4龄若虫又称伪蛹，体长0.7~0.8mm，椭圆形，初期体扁平，逐渐加厚，中央略高，黄褐色，体背有长短不齐的蜡丝，体侧有刺。

【发生规律】 白粉虱在北方温室内1年发生10余代，周年发生，无滞育和休眠现象，冬天在室外不能越冬。成虫羽化后1~3天可交配产卵，也可进行孤雌生殖，其后代为雄性。成虫有趋嫩性，在植株打顶以前，成虫总是随着植株的生长不断追逐顶部嫩叶产卵，虱卵以卵柄从气孔插入叶片组织中，与寄主植物保持水分平衡，极不易脱落。若虫孵化后3天内在叶背可做短距离游走，当口器插入叶组织后即失去爬行机能，开始营固着生活。白粉虱繁殖适温为18~21℃，温室条件下约1个月完成1代。冬季结束后由温室通风口或种苗移栽迁飞至露地，因此人为因素可促进白粉虱的传播蔓延。其种群数量由春至秋持续发展，夏季高温多雨对其抑制作用不明显，秋季数量达高峰，集中为害瓜类、豆类和茄果类蔬菜。北方棚室栽培区7、8月露地密度较大，8、9月危害严重，10月下旬后随气温下降逐渐向棚室内迁飞危害或越冬。

【防治方法】

1）农业措施。棚室通风口处加装防虫网，及时拔除杂草、残株等。积极推行物理防治和生物防治方法。

2）物理防治。在温室西瓜上方张挂30cm×50cm粘虫黄板（每亩20~30张），高度以与植株顶端平齐或略高为宜，悬挂方向以板面东西向为佳。

3）生物防治。可在棚室内放养丽蚜小蜂等天敌加以防治。具体方法参照西瓜蚜虫生物防治方法。

4）药剂防治。虫害发生初期用下列药剂防治：烟熏法防治参考本节瓜蚜防治方法。或采用10%吡虫啉可湿性粉剂1500~2000倍液、25%噻嗪酮可湿性粉剂1000~2000倍液、240g/L螺虫乙酯悬浮剂4000~5000倍液、25%噻虫嗪水分散粒剂6000~8000倍液、2.5%联苯菊酯乳油2000~2500倍液、3%啶虫脒乳油2000~3000倍液、48%毒死蜱乳油2000~3000倍液、10%氯氰菊酯乳油2500~3000倍液等，兑水喷雾，视虫情每7天左右防治1次，连续防治2~3次。

3. 黄蓟马

【为害分布】 黄蓟马属缨翅目，蓟马科。目前在我国大部分地区均有分布，主要为害瓜类、茄果类和豆类蔬菜等。

【危害与诊断】 黄蓟马以锉吸式口器吸食西瓜嫩梢、嫩叶、花及果实的汁液为害。叶片受害易褪绿变黄，扭曲上卷，心叶不能正常展开。嫩梢等幼嫩组织受害，常枝叶僵缩、生长缓慢或老化坏死、幼瓜畸形等（彩图37）。

成虫体长1.0mm，金黄色。头近方形，复眼稍突出。单眼3只，红色，排成三角形。单眼间鬃间距较小，位于单眼三角形连线外缘。触角7节，翅2对，腹部扁长。卵长椭圆形，白色透明，长约0.02mm。若虫3龄，黄白色。

【发生规律】 黄蓟马在南方地区每年发生11多代，北方地区每年可发生8~10代。保护地内可周年发生，世代重叠。以成虫潜伏在土块、土缝下或枯枝落叶间越冬，少数以若虫越冬。温度和土壤湿度对黄蓟马发育影响显著，其正常发育的温度范围为15～32℃，土壤含水量以8%～18%最为适宜，较耐高温，夏、秋两季发生严重。该虫具有迁飞性、趋蓝性和趋嫩性，活跃、善飞、怕光，多在结瓜嫩梢或幼瓜的毛丛中取食，少数在叶背危害。雌成虫有孤雌生殖能力，卵散产于植物叶肉组织内。若虫怕光，到3龄末期停止取食，落土化蛹。

【防治方法】

1）农业措施。清除田间杂草、残株，消灭虫源。提倡地膜覆盖栽培，减少成虫出土或若虫落土化蛹。

2）物理防治。发生初期采用粘虫蓝板诱杀。在温室西瓜上方张挂30cm×40cm粘虫蓝板（每亩20张），高度以与植株顶端平齐或略高为宜，悬挂方向以板面东西向为佳。

3）生物防治。棚室栽培可考虑人工放养小花蝽、草蛉等天敌进行生物防治。

4）药剂防治。参考本节瓜蚜防治方法。

4. 美洲斑潜蝇

【为害分布】 美洲斑潜蝇属双翅目，潜蝇科。在我国大部分地区均有分布，可为害130多种蔬菜，其中瓜类、茄果类、豆类蔬菜受害较重。

【危害与诊断】 主要以幼虫钻叶为害。幼虫在叶片上下表皮间蛀食，造成由细变宽的蛇形弯曲隧道，多为白色，隧道相互交叉，逐渐连接成片，严重影响叶片光合作用。成虫刺吸叶片汁液，形成近圆形白色小点（彩图38）。

成虫体长1.3～2.3mm，浅灰黑色，胸背板亮黑色，体腹面黄色。卵呈米色，半透明，较小。幼虫蛆状，乳白色至金黄色，长3mm。蛹长2mm，椭圆形，橙黄色至金黄色，腹面稍扁平。成虫具有趋光性、趋绿性、趋化性和趋黄性，有一定飞翔能力。

【发生规律】 美洲斑潜蝇在北方地区每年发生8～9代，冬季露地不能越冬，南方每年可发生14～17代。发生期多为4～11月，5～6月和9～10月中旬是两个发生高峰期。

【防治方法】

1）农业措施。及时清除田间杂草、残株，减少虫源。定植前深翻土地，将地表蛹埋入地下。发生盛期增加中耕和浇水，破坏化蛹，减少成虫羽化。田间悬挂 30cm×50cm 粘虫黄板诱杀成虫。

2）药剂防治。发生盛期棚室内可采用 10% 敌敌畏烟熏剂、15% 吡·敌畏烟熏剂、10% 灭蚜烟熏剂、10% 氰戊菊酯烟熏剂等防治，每次用量 0.3~0.5kg/亩。或选用 0.5% 甲氨基阿维菌素苯甲酸盐微乳剂 2000~3000 倍液、1.8% 阿维菌素乳油 2000~3000 倍液、20% 甲维·毒死蜱乳油 3000~4000 倍液、1.8% 阿维·啶虫脒微乳剂 3000~4000 倍液、50% 环丙氨嗪可湿性粉剂 2000~3000 倍液、5% 氟虫脲乳油 1000~1500 倍液等，兑水喷雾，视病情每隔 7 天防治 1 次，连续防治 2~3 次。

【注意】 防治斑潜蝇幼虫应在其低龄时用药，即多数虫道长度在 2cm 以下时效果较好。防治成虫，宜在早晨或傍晚等其大量出现时用药。

5. 朱砂叶螨

【为害分布】 属真螨目，叶螨科。主要为害瓜类、茄果类、葱蒜类蔬菜。在我国各地均有发生，是西瓜生产上的一种重要虫害。

【危害与诊断】 为害西瓜叶片，以成螨或若螨在叶背面刺吸汁液为害，叶面出现灰白色或浅黄色小点，叶片扭曲畸形或皱缩，严重时呈沙状失绿，干枯脱落（彩图 39）。

雌成螨体长 0.4~0.5mm，椭圆形，锈红色或深红色。体背两侧有暗斑，背上有 13 对针状刚毛。雄成螨体长 0.4mm，长圆形，绿色或橙黄色，较雌螨略小，腹末略尖。卵圆形，橙黄色，产于丝网之上。

【发生规律】 北方地区每年发生 12~15 代，长江流域每年发生 15~18 代。以雌成螨和其他虫态在落叶下、杂草根部、土缝里越冬。第二年 4~5 月迁入菜田危害，6~9 月陆续发生，其中 6~7 月发生严重。成螨在叶背吐丝结网，栖于网内刺吸汁液、产卵。朱砂叶螨有孤雌生殖习性，成、若螨靠爬行或吐丝下垂近距离扩散，借风和农事操作远距离传播。有趋嫩习性，一般由植株下部向上危害。温度 25~30℃，相对湿度 35%~55% 最有利于虫害发生流行。

【防治方法】

1）农业措施。及时清除棚室内外杂草、枯枝败叶，减少虫源。有条件的地区可人工放养天敌捕食螨进行生物防治。

2）药剂防治。发现朱砂叶螨在田间为害时采用下列药剂防治：5%噻螨酮乳油1500～2000倍液、20%双甲脒乳油2000～3000倍液、1.8%阿维菌素乳油2000～3000倍液、40%联苯菊酯乳油2000～3000倍液、15%哒螨灵乳油2000～3000倍液、30%嘧螨酯悬浮剂2000～4000倍液、73%炔螨特乳油2000～3000倍液等，兑水喷雾，视虫情每7～10天防治1次。

【提示】 噻螨酮无杀成虫作用，因此应在朱砂叶螨发生初期使用，并与其他杀螨剂配合使用。

6. 瓜绢螟

【为害分布】 属鳞翅目，螟蛾科。我国各地均有分布，主要为害瓜类、茄果类和豆类蔬菜。

【危害与诊断】 主要为害叶片和果实。低龄幼虫在叶背啃食叶肉，受害部位呈灰白色。3龄后吐丝将叶或嫩梢缀合，居其中取食，呈现灰白斑，使叶片穿孔或缺刻，严重者仅留叶脉。幼虫常蛀入瓜内，影响产量和质量。

成虫体长11mm左右，头、胸黑色，腹部白色，第1、7、8节末端有黄褐色毛丛。前翅白色略透明，前翅前缘和外缘、后翅外缘呈黑色宽带。末龄幼虫体长23～26mm，头部、前胸背板浅褐色，胸腹部草绿色，亚背线呈两条较宽的乳白色纵带，气门黑色。卵扁平，椭圆形，浅黄色，表面有网纹。蛹长约14mm，深褐色，外被薄茧（彩图40）。

【发生规律】 部分地区每年发生3～6代，长江以南地区每年发生4～6代，两广地区每年发生5～6代，以老熟幼虫或蛹在枯叶或表土越冬。北方地区一般每年5月田间出现幼虫危害，7～9月逐渐进入盛发期，危害严重，11月后进入越冬期。成虫夜间活动，稍有趋光性，雌蛾在叶背产卵。幼虫3龄后卷叶取食，蛹化于卷叶或落叶中。

【防治方法】

1）农业措施。结合田间管理，人工摘除卵块和初孵幼虫危害的叶片，集中处理。注意铲除田边杂草等滋生场所，晚秋或初春及时翻地灭蛹。有条件的地区可人工繁殖放养拟澳洲赤眼蜂进行生物防治。

2）药剂防治。可于1~3龄卷叶前，采用以下药剂或配方防治：1.8%阿维菌素乳油2000~3000倍液、20%甲维·毒死蜱乳油3000~4000倍液、0.5%甲氨基阿维菌素苯甲酸盐微乳剂2000~3000倍液、5%丁烯氟虫腈乳油2000~3000倍液、2.5%氯氟氰菊酯乳油4000~5000倍液、40%菊·马乳油2000~3000倍液等，兑水喷雾时加入有机硅展着剂，视虫情每隔7~10天防治1次。

——第十三章——

棚室西瓜高效栽培实例

实例一

山东省昌乐县尧沟镇是著名的棚室西瓜种植之乡。西瓜种植是该镇的农业支柱产业，从业人员较多，西瓜产、供、销均已形成规模，并已成功培育了知名品牌“尧沟西瓜”。本节实例总结了昌乐西瓜栽培的主要经验要点，以为我国棚室西瓜栽培和产业发展提供借鉴。

1. 好的设施配套好的技术是获得好收益的基础

1）建好、管好设施，促西瓜早上市。早春茬种植西瓜管理难度较大，最大的问题是低温和光照不足，因此西瓜前期发育缓慢、品质较差，但上市越早价格越高。为此，就必须改良棚室设施，增强大棚保温效果。首先，建造塑料大棚时，可在搭建完主要拱架后于大棚内距离外拱架20cm左右处再搭建简易竹拱架，用于早春覆盖二层保温薄膜。西瓜定植时覆盖农膜，之后在西瓜行上再搭建小拱棚，必要时在小拱棚上方与第二层保温薄膜之间用细铁丝临时拉设第三层保温薄膜，再加上棚膜上加盖草苫，这样塑料大棚最多可实行6层覆盖，完全可以满足西瓜早春栽培的温度要求。大棚西瓜定植期也相应提前至2月中下旬，4月下旬~5月上旬即可采收上市。大棚保温性能改善后，还要解决透光不足问题。我国的塑料大棚一般不采取人工补光，生产上需要精心管理，每天关注天气预报，及时揭盖草苫、拉盖膜、放风以及不定期清洁棚膜等。通过上述措施，西瓜可比普通栽培早上市1周以上，极为畅销。价格也比集中上市时提高1元左右，亩增收近5000多元。

2）综合配套的栽培技术体系是西瓜高效生产的保障。西瓜的精细管理技术体系包括品种选择、育苗、整地施肥、田间管理等环节，其关键管理技术措施如下。

① 理性选择种植品种。品种主要根据市场来定，因此种植西瓜前应先行考察市场需求和品种发展趋势，不要盲目跟风或随大流，也不可特立独行，以免产品收获后没有客商收购，造成损失。选择的品种必须为当地示范、推广品种。

② 采取措施培育壮苗。西瓜早春育苗恰处一年中最冷季节，因此必须采取增温、保温和补光技术，合理灌溉和通风管理，努力争取培育优质苗是西瓜高产优质的基础。可采取的增、保温技术主要有苗床铺设电热线或远红外电热膜、育苗棚室添加电热器等加温设施以及苗床搭建小拱棚等多层覆盖保温设施等。主要的补光措施是采用高压钠灯、LED灯或沼气灯等在阴雨天以及夜间适当增加光照时间和光照强度。此外，还应合理灌溉，避免低温下浇水过多，诱发西瓜沤根和产生无头苗。加强通风管理，适时通风降湿，必要时补施二氧化碳气肥。

③ 精细整地，合理施肥。西瓜产区多采用旋耕机整地，耕深较浅，应选用深耕机械使耕深达到30cm左右，同时使用免深耕等药剂彻底打破土壤板结，修复土壤理化结构。在常规施肥的基础上，重施有机肥和生物菌肥，每亩可施用优质土杂肥10000kg或稻壳鸡粪、鸭粪5000～6000kg、生物菌肥100kg。坐瓜后，增施钾肥和微量元素。此种施肥模式下，西瓜品质更优，口感更好，深受市场欢迎。

④ 精心管理，克服西瓜连作障碍。西瓜忌重茬，常年连作常导致枯萎病、根结线虫等病虫害多发。定植前必须进行土壤消毒，尽量减少土传病害发生。根据西瓜整个生育期不同阶段常发病虫害，以预防为主。采取措施重点预防根结线虫的发生，主要措施包括不施用剧毒农药（老百姓称之黑药），以免降低食用品质；有条件的种植者应采用自家专用整地机械，禁用发病区农机；已发病地块可采用水淹、高温闷棚等物理防治方法，施用放线菌等生物菌剂等。发病加重地块，可采用药剂防治，从整地时开始处理土壤，如采用石

灰氮、阿维菌素颗粒等灭杀土中线虫。发病植株采用阿维菌素乳油等杀线虫剂灌根。

⑤ 重视授粉和果实管理。主要技术措施有：第一，宜采用熊蜂授粉。产区实践经验表明，熊蜂授粉效率显著高于人工和蜜蜂，果实口感好，品质优，极少产生畸形瓜。如果采用人工授粉，遇阴雨天气则需重新授粉，否则常因湿度大致花粉粒破裂，导致授粉不良而化瓜。第二，慎用坐瓜灵（吡效隆），尤其果实近定个时不宜涂抹坐瓜灵，以免引发裂瓜。第三，合理灌溉，从坐瓜至膨瓜期应供应充足肥水，忌土壤忽干忽湿，引发裂瓜。第四，及时吊瓜，以免果实坠落。并进行荫瓜、翻瓜等操作，以保障西瓜的商品性。

2. 合理轮作，做好后茬管理，提高产出效益

西瓜种植宜合理轮作，可根据当地市场情况灵活确定种植作物和播种期。西瓜拉秧后塑料大棚一般可种植辣椒或樱桃番茄。后茬作物也尽量早播种，早上市，而秋季则采取保温措施尽量晚拉秧，这样整个后茬作物的采收期可大大延长，效益也随之增加。当然后茬作物经历夏、秋两季，由高温到低温，生产仍需要很好的栽培技术和精细的管理。

3. 注重采用生物模式克服西瓜连作障碍，走可持续高效之路

瓜类作物常年连作对资源环境的影响较大，具有一定的不可持续性。昌乐克服西瓜连作障碍经验：大棚实行菜—花、菜—经济作物轮作；重视生物菌肥的推广应用和土壤调理；开发海南等新的无污染基地发展绿色西瓜、富硒功能西瓜、有机西瓜生产等，为本地西瓜产业升级做出了贡献，西瓜的生产效益也越来越好。

实例二

北京大兴区是北京著名的蔬菜瓜果之乡，西瓜种植历史悠久。近年来，大兴借助毗邻大都市的地理优势，大力发展西瓜观光采摘栽培模式，取得了良好的经济和社会效益。本节实例摘录了北京市大兴区农业技术推广站关于西瓜观光采摘栽培技术的要点，以期为我国都市农业发展提供参考。

1. 都市型西瓜栽培技术模式

（1）栽培设施类型、生产模式　大兴区西瓜栽培基本上分为设

施栽培、露地栽培两大类型。其中，温室西瓜占种植面积的20%，大棚约为60%，观光采摘主要以设施西、甜瓜为主，1年可安排2茬，分别为春季和秋季，以春季栽培为主。其中，春季设施栽培“五一”前后可上市，露地栽培在6月中旬~7月底上市，秋季栽培一般在国庆节期间上市。

（2）适宜观光采摘的西瓜、甜瓜新优品种及特点 目前，大兴区观光采摘主要种植的小果型西瓜品种为挂果期长，耐裂性好的航兴天秀2、超越梦想、京颖、全美2K、京玲无籽等。一般成熟后挂果期可达10天以上，适合市民观光采摘的中果型高品质西瓜品种包括京欣3号、天骄2号、日本777和沙蜜佳等。特色西瓜品种有苹果西瓜京雅，其皮薄、大小如苹果，可削皮食用。功能性西瓜包括富含高番茄红素品种中兴红1号，富含高瓜氨酸品种金兰，富含高维生素C品种黄玫瑰。适宜采摘的甜瓜品种有久红瑞、117、185、京密11和久青蜜等。

2. 西瓜、甜瓜综合配套简约化栽培技术

（1）选用优良砧木嫁接育苗 目前，大兴西瓜种植采用嫁接育苗的比例达到98%以上，优良的砧木主要有京欣砧3号、京欣砧4号、勇砧等，并通过贴接式嫁接技术提高了嫁接效率及成苗率。

（2）机械化开沟、一次性施足底肥、地膜全覆盖 机械化开沟、一次性施足底肥是省工栽培的主要技术措施，地膜全覆盖可有效提高土壤温度，早春采用地膜全覆盖受阳光照射后，0~10cm土层温度可提高4~6℃，同时，还能明显减少土壤水分蒸发，抗旱保墒作用显著。

（3）小果型西瓜立架栽培 小果型西瓜行双行立架栽培，每亩定植1400株，每株留2个瓜或采用密植栽培，单行种植，单蔓整枝，应用2蔓1绳技术，每亩定植3000株，西瓜亩产量可达5000kg。

（4）中果型西瓜蜜蜂授粉 蜜蜂授粉是中果型西瓜简约化栽培技术之一。在设施西瓜开花坐果期每亩棚室放1箱3000只健壮的意大利蜜蜂，可使西瓜坐果率达到100%，减少畸形瓜，提高商品率和产量、品质，并可每亩节约劳动力成本300元以上。

（5）西瓜、甜瓜早春大棚双层天幕覆盖、二氧化碳施肥 采用双

层天幕覆盖技术，即在距离棚架30cm处，选用流滴膜形成2层幕，可将棚温提高3~5℃，使大棚西瓜定植期由原来的3月15日以后提前到3月5日左右。大棚西瓜由于前期气温较低，早春刚定植时棚膜密闭，造成棚室中二氧化碳含量下降，影响产量。推广应用二氧化碳吊袋肥可提高二氧化碳浓度，前期每亩棚使用10袋左右，坐果后使用15~20袋，可提高西瓜产量10%左右。

(6) 膜下灌溉、微喷灌、水肥一体化 为了提高水肥利用率，在西、甜瓜生产中应用了滴灌、微喷灌、膜下灌溉、水肥一体化技术。该技术较瓜农习惯性灌溉每亩节水$105m^3$，节水率45%，节肥8~10kg，提高肥料利用率20%，并可提高产量30%左右。

3. 观光采摘的经济效益及社会效益

观光采摘区棚室西瓜每亩效益均值超过1万元。都市型大兴西瓜种植模式的推广，不仅为瓜农带来显著的经济效益，同时也产生了显著的社会效益。首先，大兴西瓜为首都市民提供了假日休闲、观光采摘的场所。其次，为首都中小学生提供了生活体验的平台。都市型大兴西瓜正在为首都市民的绿色假日生活和生态旅游环境的打造发挥着引领和推动作用。

实例三

新疆属内陆干旱气候，光热资源丰富，昼夜温差大，是我国西瓜的优势产区。近年来新疆棚室西瓜栽培发展较快，尤其引进了以色列滴灌技术以及采用熊蜂授粉等技术有力地促进了该地区瓜菜种植效益的提升。本节实例摘录了哈密地区农业技术推广中心关于当地早春温室西瓜栽培管理技术要点，以为西北地区棚室西瓜栽培提供经验。

1. 品种选择

早春栽培西瓜宜选用成熟早、产量高、品质优、适销对路的优良品种。哈密地区主栽品种选择火洲一号，搭配品种选择京欣、早佳等。

2. 茬口安排

日光温室冬春茬栽培一般在1月初播种育苗，2月10日左右定植，3月底~4月初成熟。塑料大棚早春茬栽培于2月初播种，3月5~10日定植，5月底成熟。

3. 育苗

（1）营养土配制 用5份肥沃熟土、4份充分腐熟有机肥过筛，加1份干净沙子，每立方米营养土中加入1.5kg磷酸二铵混合，然后每千克营养土中再加70%五氯硝基苯可湿性粉剂和50%福美双可湿性粉剂各0.5g，混合拌匀后，装入8cm×8cm营养钵内待用。

（2）苗床建造 作成1.2m宽、5~6m长的小畦，畦与畦之间留25cm宽、15cm高的畦埂，将装好土的营养钵整齐摆放在畦内，在畦内与营养钵内均浇入适量水待用。

（3）种子处理 每亩用种50g，先用1%高锰酸钾溶液浸种15min，之后冲洗干净，再用55~60℃温水浸种至恒温，再浸泡6~8h，捞出沥水后催芽。

（4）催芽 将处理好的种子用干净纱布包好，放入小盆中，种子厚度不超过1cm，覆盖干净湿毛巾后放入28~30℃处催芽，经48h种子露白后即可播种。

（5）播种 每个营养钵中央平放1粒出芽种子，覆盖潮湿药土1.5~2.0cm，然后覆盖地膜保温。

（6）播后管理 播种后苗床气温保持在28~30℃，地温18~20℃。种子开始顶土后揭去地膜降温至25~28℃。种子出土后子叶平展，将气温降低至22~25℃，叶面喷洒500倍液磷酸二氢钾和1500倍液阿维菌素乳油，防止潜叶蝇危害。当幼苗长至3叶1心时开始定植，定植前5~7天低温炼苗，白天气温降至16~25℃，夜间13~15℃。

4. 定植技术

（1）施肥 每亩施腐熟有机农家肥4~5吨、尿素20kg、磷酸二铵50kg、硫酸钾15kg、硫酸镁3~5kg，硼、铁、锌等微肥1kg。将2/3有机肥漫撒深翻，再将1/3有机肥和2/3化肥开沟集中施入，其余化肥以后追施。开沟施肥南北沟向，每2.5m开2条宽0.5m的施肥沟，沟深30cm，将以上肥料施入沟内与土拌匀，并做标记后整平。

（2）开沟起垄 在2条施肥沟中间开沟，沟上口宽50cm、深

30cm、底宽 25cm。若是滴灌，沟深 10cm 即可。

（3）浇水 浇足底墒水，水量以将沟灌满为标准。

（4）铺膜 底墒水稍干能下地时，修整瓜沟，整平畦面，进行铺膜。用幅宽 1.8m、厚 0.07mm 的地膜连同畦面沟底全部覆盖，将地膜拉紧铺平，紧贴地面，埋土压实，注意膜面整洁。

（5）定植 当 10cm 地温稳定在 12～13℃时即可定植，选晴天上午进行。株距 30～35cm，平均行距 1.5 m，定植 1100 株左右。在距沟沿 10cm 处打孔，规格为 10cm×10cm。将健壮瓜苗放入孔内覆土，苗坨低于地面 2cm，用百菌清或多菌灵 500 倍液灌根，每株灌 200mL 药液。若底墒不足，可再补浇少量定植水，浇水采取膜下暗灌。直播时深度 1.5～2.0cm，每穴放 2 粒经催芽的种子后覆盖潮土。定植或播种后及时压严膜孔，以利保墒。

5. 田间管理

（1）温度 定植后 5～7 天为缓苗期，尽量密闭风口，以增温保温为主。当棚内温度超过 32℃时，开小风口放风降温。缓苗后至伸蔓期，温度控制在 28～30℃，以后随着温度升高逐渐加大放风量。下午温度降至 20～22℃时放草帘。果实进入成熟期要加大昼夜温差，一般温差在 12℃左右，有利于糖分积累。

（2）肥水 浇水全部采取膜下暗灌，从定植至伸蔓开始，一般不浇水。如果土壤湿度低于 50%，瓜苗出现旱象，要及时浇水，以小半沟为宜。伸蔓开始时，将剩余 1/3 化肥溶解后随水冲施，灌水量半沟为宜。果实膨大时重施 1 次肥料，促进果实迅速膨大，每亩用复合肥 60kg、尿素 10kg、磷酸二铵 20kg、硫酸钾 15kg，全部随水冲施。果实进入成熟期可叶面喷洒 0.2% 尿素加 0.3% 磷酸二氢钾溶液，促进果实成熟，提高果实含糖量。

（3）整枝 地爬式栽培一般采取一主一侧（两蔓）整枝法，瓜蔓长到 20～30cm 时侧蔓伸出，选留主蔓和 1 条健壮侧蔓，其余全部摘去。当侧蔓长到 1.5m 时摘心。瓜坐稳后，在生长不过旺时，就可停止打杈，有利于幼瓜膨大。打杈工作主要是在坐瓜前进行，每株瓜蔓上保留 40～50 片健壮功能叶。

（4）授粉 大棚西瓜一般采用人工授粉，在第 2 雌花开放时授粉，每朵雄花授1~2朵雌花，最终选留第3和第4雌花所结的瓜。

（5）翻瓜、垫瓜　翻瓜在膨大中后期进行，每隔7~8天翻动1次，可翻动2~3次，翻瓜在午后瓜柄比较柔软时进行，翻瓜的角度不可太大，一定要顺着瓜柄上维管束的方向轻轻翻动。垫瓜是在果实下面垫上麦草等物，防止果实着地染病或发育不良。

6. 病虫害防治

当地春茬西瓜主要病害有枯萎病、疫病、蔓枯病、白粉病和细菌性褐斑病等，虫害主要有潜叶蝇、蚜虫和白粉虱等，应及时加以防治。

上述不同西瓜生产或产业发展实例经验，希望对西瓜种植朋友们有所启发。

附　录

附录A　蔬菜生产常用农药通用名及商品名称对照表

通用名		商品名	用途
杀虫剂类	阿维菌素	爱福丁、阿维虫清、虫螨光、齐螨素、虫螨克、灭虫灵、螨虫素、虫螨齐克、虫克星、灭虫清、害极灭、7051杀虫素、阿弗菌素、阿维兰素、爱螨力克、阿巴丁、灭虫丁、赛福丁、杀虫丁、阿巴菌素、齐墩螨素、剂墩霉素	广谱杀虫剂，防治棉铃虫、斑潜蝇、十字花科蔬菜害虫、螨类
	氯氟氰菊酯	功夫、三氟氯氰菊酯、PP321等	防治棉铃虫、棉蚜、小菜蛾
	甲氰菊酯	灭扫利、杀螨菊酯、灭虫螨、芬普宁等	虫螨兼治，用于棉花、蔬菜、果树的害虫
	联苯菊酯	天王星、虫螨灵、三氟氯甲菊酯、氟氯菊酯、毕芬宁	防治蔬菜粉虱
	丁硫克百威	好年冬、丁硫威、丁呋丹、克百丁威、好安威、丁基加保扶	用于防治棉蚜、红蜘蛛、蓟马
	吡虫啉	蚜虱净、一遍净、大功臣、咪蚜胺、艾美乐、一扫净、灭虫净、扑虱蚜、灭虫精、比丹、高巧、盖达胺、康福多	主要用于防治刺吸式口器害虫，如蚜虫、飞虱、粉虱、叶蝉、蓟马

（续）

通用名		商品名	用途
杀虫剂类	噻螨酮	尼索朗、除螨威、合赛多、已噻唑	对同翅目的飞虱、叶蝉、粉虱及介壳虫等害虫有良好的防治效果，对某些鞘翅目害虫和害螨也具有持久的杀幼虫活性
	噻嗪酮	扑虱灵、优乐得、灭幼酮、亚乐得、布芬净、稻虱灵、稻虱净	为对鞘翅目、部分同翅目及蜱螨目具有持效性杀幼虫活性的杀虫剂。可有效地防治马铃薯上的大叶蝉科害虫；蔬菜上的粉虱科害虫
	哒螨灵	哒螨酮、扫螨净、速螨酮、哒螨净、螨必死、螨净、灭螨灵	可用于防治多种植物性害螨。对螨的整个生长期即卵、幼螨、若螨和成螨都有很好的防治效果
	双甲脒	螨克、果螨杀、杀伐螨、三亚螨、胺三氮螨、双虫脒、双二甲脒	适用于各类作物的害螨。对同翅目害虫也有较好的防效
	倍硫磷	芬杀松、番硫磷、百治屠、拜太斯、倍太克斯	防治菜青虫、菜蚜
	稻丰散	爱乐散、益尔散等	防治蚜虫、菜青虫、蓟马、小菜蛾、斜纹夜蛾、叶蝉
	二嗪磷	二蓁农、地亚农、大利松、大亚仙农等	用于控制大范围作物上的刺吸式口器害虫和食叶害虫
	乙酰甲胺磷	杀虫磷、杀虫灵、益土磷、高灭磷、酰胺磷、欧杀松	适用于蔬菜、茶叶、烟草、果树、棉花、水稻、小麦、油菜等作物，防治多种咀嚼式、刺吸式口器害虫和害螨

（续）

通用名		商品名	用途
杀虫剂类	杀螟硫磷	速灭虫、杀螟松、苏米松、扑灭松、速灭松、杀虫松、诺发松、苏米硫磷、杀螟磷、富拉硫磷、灭蛀磷等	广谱杀虫剂，对鳞翅目幼虫有特效，也可防治半翅目、鞘翅目等害虫
杀虫剂类	虫螨腈	除尽、溴虫腈等	防治小菜蛾、菜青虫、甜菜夜蛾、斜纹夜蛾、菜螟、菜蚜、斑潜蝇、蓟马等多种蔬菜害虫
杀虫剂类	苏云金杆菌	苏力菌、灭蛾灵、先得力、先得利、先力、杀虫菌 1 号、敌宝、力宝、康多惠、快来顺、包杀敌、菌杀敌、都来施、苏得利	可用于防治直翅目、鞘翅目、双翅目、膜翅目，特别是鳞翅目的多种害虫
杀虫剂类	除虫脲	灭幼脲 1 号、伏虫脲、二福隆、斯代克、斯盖特、敌灭灵等	主要用于防治鳞翅目害虫，如菜青虫、小菜蛾、甜菜夜蛾、斜纹夜蛾、金纹细蛾、黏虫、茶尺蠖、棉铃虫、美国白蛾、松毛虫、卷叶蛾、卷叶螟等
杀虫剂类	灭幼脲	苏脲 1 号、灭幼脲 3 号、一氯苯隆等	防治桃树潜叶蛾、茶黑毒蛾、茶尺蠖、菜青虫、甘蓝夜蛾、小麦黏虫、玉米螟及毒蛾类、夜蛾类等鳞翅目害虫
杀虫剂类	氟啶脲	抑太保、定虫隆、定虫脲、克福隆、IKI7899 等	防治十字花科蔬菜的小菜蛾、甜菜夜蛾、菜青虫、银纹夜蛾、斜纹夜蛾、烟青虫等；茄果类及瓜果类蔬菜的棉铃虫、甜菜夜蛾、烟青虫、斜纹夜蛾等；豆类蔬菜的豆荚螟、豆野螟

（续）

通用名		商品名	用途
杀虫剂类	抑食肼	虫死净	对鳞翅目、鞘翅目、双翅目等害虫，具良好的防治效果
	多杀霉素	菜喜、催杀、多杀菌素、刺糖菌素	防治蔬菜小菜蛾、甜菜夜蛾、蓟马
	S-氰戊菊酯	来福灵、强福灵、强力农、双爱士、顺式氰戊菊酯、高效氰戊菊酯、高氰戊菊酯、霹杀高	防治菜青虫、小菜蛾，于幼虫3龄期前施药。豆野螟于豇豆、菜豆开花盛期、卵孵盛期施药
	氯氰菊酯	安绿宝、赛灭灵、赛灭丁、桑米灵、博杀特、绿氰全、灭百可、兴棉宝、阿锐可、韩乐宝、克虫威等	防治菜蚜、蓟马、棉铃虫、菜青虫
	顺式氯氰菊酯	高效灭百可、高效安绿宝、高效氯氰菊酯、甲体氯氰菊酯、百事达、快杀敌等	防治菜蚜、菜青虫、小菜蛾幼虫、豆卷叶螟幼虫
	氟氯氰菊酯	百树得、百树菊酯、百治菊酯、氟氯氰醚酯、杀飞克	防治棉铃虫、烟芽夜蛾、苜蓿叶象甲、菜粉蝶、尺蠖、苹果蠹蛾、菜青虫、美洲黏虫、马铃薯甲虫、蚜虫、玉米螟、地老虎等害虫
	氯菊酯	二氯苯醚菊酯、苄氯菊酯、除虫精、克死命、百灭宁、百灭灵等	可用于蔬菜、果树等作物，防治菜青虫、蚜虫、棉铃虫、棉红铃虫、棉蚜、绿盲蝽、黄条跳甲、桃小食心虫、柑橘潜叶蛾、二十八星瓢虫、茶尺蠖、茶毛虫、茶细蛾等多种害虫

（续）

通用名		商品名	用途
杀虫剂类	溴氰菊酯	敌杀死、凯素灵、凯安保、第灭宁、敌卞菊酯、氰苯菊酯、克敌	防治各种蚜虫、棉铃虫、棉红铃虫、菜青虫、小菜蛾、斜纹夜蛾、甜菜夜蛾、黄守瓜、黄条跳甲
	戊菊酯	多虫畏、杀虫菊酯、中西除虫菊酯、中西菊酯、戊酸醚酯、戊醚菊酯、S-5439	防治蔬菜害螨、线虫
	敌百虫	三氯松、毒霸、必歼、虫决杀	可诱杀蝼蛄、地老虎幼虫、尺蠖、天蛾、卷叶蛾、粉虱、叶蜂、草地螟、潜叶蝇、毒蛾、刺蛾、灯蛾、黏虫、桑毛虫、凤蝶、天牛、蛴螬、夜蛾、白囊袋蛾
	抗蚜威	辟蚜雾、灭定威、比加普、麦丰得、蚜宁、望俘蚜	适用于防治蔬菜、烟草、粮食作物上的蚜虫
	灭多威	万灵、快灵、灭虫快、灭多虫、乙肟威、纳乃得	防治蚜虫、蛾、地老虎等害虫
	啶虫脒	吡虫清、乙虫脒、莫比朗、鼎克、NI-25、毕达、乐百农、绿园	防治棉蚜、菜蚜、桃小食心虫等
	异丙威	灭必虱、灭扑威、异灭威、速灭威、灭扑散、叶蝉散、MIPC	对稻飞虱、叶蝉科害虫具有特效，可兼治蓟马和蚂蟥
	丙溴磷	莱乐康、布飞松、多虫磷、溴氯磷、克捕灵、克捕赛、库龙、速灭抗	防治蔬菜、果树等作物上的害虫，对棉铃虫、苹果黄蚜等害虫均有很高的防治效果
	哒嗪硫磷	杀虫净、必芬松、哒净松、打杀磷、苯哒磷、哒净硫磷、苯哒嗪硫磷	可防治螟虫、纵卷叶螟、稻苞虫、飞虱、叶蝉、蓟马、稻瘿蚊等，对棉叶螨有特效

（续）

通用名		商品名	用途
杀虫剂类	毒死蜱	乐斯本、杀死虫、泰乐凯、陶斯松、蓝珠、氯蜱硫磷、氯吡硫磷、氯吡磷	适用于果树、蔬菜、茶树上多种咀嚼式和刺吸式口器害虫
	硫丹	硕丹、赛丹、韩丹、安杀丹、安杀番、安都杀芬	广谱杀虫杀螨，对果树、蔬菜、茶树、棉花、大豆、花生等多种作物害虫害螨有良好防效
杀菌剂类	百菌清	达科宁、打克尼太、大克灵、四氯异苯腈、克劳优、霉必清、桑瓦特、顺天星1号	防治果树、蔬菜上锈病、炭疽病、白粉病、霜霉病等
	多菌灵	苯并咪唑44号、棉萎灵、贝芬替、枯萎立克、菌立安	防治十字花科蔬菜菌核病、十字花科蔬菜白斑病、还有大白菜炭疽病、萝卜炭疽病、白菜类灰霉病、青花菜叶霉病、油菜褐腐病、白菜类霜霉病、芥菜类霜霉病、萝卜霜霉病、甘蓝类霜霉病等
	代森锰锌	新万生、大生、大生富、喷克、大丰、山德生、速克净、百乐、锌锰乃浦	防治蔬菜霜霉病、炭疽病、褐斑病、西红柿早疫病和马铃薯晚疫病
	霜脲·锰锌	克露、克抗灵、锌锰克绝	防治霜霉病、疫病，番茄晚疫病，绵疫病，茄子绵疫病，十字花科白锈病，可兼治蔬菜炭疽病，早疫病、斑枯病、黑斑病，番茄叶霉病等
	噁霜·锰锌	杀毒矾、噁霜锰锌	防治蔬菜上的炭疽病、早疫病等多种病害；对黄瓜、葡萄、白菜等作物的霜霉病有特效

(续)

通用名		商品名	用途
杀菌剂类	甲霜灵	甲霜安、瑞毒霉、瑞毒霜、灭达乐、阿普隆、雷多米尔	用于防治蔬菜作物的霜霉病，瓜果蔬菜类的疫霉病
	霜霉威盐酸盐	普力克、霜霉威、丙酰胺	防治青花菜花球黑心病、白菜类霜霉病、甘蓝类霜霉病、芥菜类霜霉病、萝卜霜霉病、青花菜霜霉病、紫甘蓝霜霉病、青花菜霜霉病
	三乙膦酸铝	乙膦铝、疫霉灵、疫霜灵、霜疫灵、霜霉灵、克霜灵、霉菌灵、霜疫净、膦酸乙酯铝、藻菌磷、三乙基膦酸铝、霜霉净、疫霉净、克菌灵	防治蔬菜作物霜霉病，疫病，菠萝心腐病，柑橘根腐病、茎溃病，草莓茎腐病、红髓病
	琥·乙膦铝	百菌通、琥乙膦铝、羧酸磷铜、DTM、DTNZ	防治甘蓝黑腐病，甘蓝细菌性黑斑病，大白菜软腐病，白菜类霜霉病、（萝卜链格孢）黑斑病、假黑斑病
	三唑酮	粉锈宁、百理通、百菌酮、百里通	对锈病、白粉病和黑穗病有特效
	腐霉利	速克灵、扑灭宁、二甲菌核利、杀霉利	适用于果树、蔬菜、花卉等的菌核病、灰霉病、黑星病、褐腐病、大斑病的防治
	异菌脲	扑海因、桑迪恩、依普同、异菌咪	防治多种果树、蔬菜、瓜果类等作物早期落叶病、灰霉病、早疫病等病害
	乙烯菌核利	农利灵、烯菌酮、免克宁	对果树、蔬菜上的灰霉、褐斑、菌核病有良好防效

（续）

通用名		商品名	用途
杀菌剂类	氢氧化铜	丰护安、根灵、可杀得、克杀得、冠菌铜	防治蔬菜作物的细菌性条斑病、黑斑病、霜霉病、白粉病、黑腐病、早疫病、晚疫病、叶斑病、褐斑病、菜豆细菌性疫病、葱类紫斑病、辣椒细菌性斑点病等
杀菌剂类	丁戊已二元酸铜	琥珀肥酸铜、琥胶肥酸铜、琥珀酸铜、二元酸铜、角斑灵、滴涕、DT、DT杀菌剂	防治蔬菜作物软腐病
杀菌剂类	络氨铜	硫酸甲氨络合铜、胶氨铜、消病灵、瑞枯霉、增效抗枯霉	防治茄子、甜（辣）椒炭疽病、立枯病，西瓜、黄瓜、菜豆枯萎病，黄瓜霜霉病，西红柿早疫病、晚疫病，茄子黄叶病
杀菌剂类	络氨铜·锌	抗枯宁、抗枯灵	用于防治蔬菜作物枯萎病
杀菌剂类	抗霉素120	抗霉菌素、TF-120、农抗120	用于防治大白菜黑斑病、萝卜炭疽病、白菜白粉病
杀菌剂类	多抗霉素	多氧霉素、多效霉素、保利霉素、科生霉素、宝丽安、兴农606、灭腐灵、多克菌	防治黄瓜霜霉病、白粉病，人参黑斑病，苹果、梨灰斑病以及水稻纹枯病等
杀菌剂类	春雷霉素	加收米、春日霉素、嘉赐霉素	防治黄瓜炭疽病、细菌性角斑病，西红柿叶霉病、灰霉病，甘蓝黑腐病，黄瓜枯萎病
杀菌剂类	盐酸吗啉胍·铜	病毒A、病毒净、毒克星、毒克清	对蔬菜（番茄、青椒、黄瓜、甘蓝、大白菜等）的病毒病具有良好预防和治疗作用
杀菌剂类	菌毒清	菌必清、菌必净、灭净灵、环中菌毒清	防治番茄、辣椒病毒病，西瓜枯萎病

（续）

通用名		商品名	用途
杀菌剂类	代森胺	阿巴姆、铵乃浦	防治白菜白粉病、白斑病、黑斑病、软腐病、甘蓝黑腐病，白菜类黑腐病，根肿病，青花菜黑腐病，紫甘蓝黑腐病
	敌磺钠	敌克松、地可松、地爽	防治蔬菜苗期立枯病、猝倒病，白菜、黄瓜霜霉病，西红柿、茄子炭疽病
	甲基立枯磷	利克菌、立枯磷	用于防治蔬菜立枯病、枯萎病、菌核病、根腐病、十字花科黑根病、褐腐病
	乙霉威	万霉灵、抑菌灵、保灭灵、抑菌威	防治黄瓜、番茄灰霉病，甜菜褐斑病
	硫菌·霉威	抗霉威、甲霉灵、抗霉灵	防治蔬菜作物霜霉病、猝倒病、疫病、晚疫病、黑胫病等病害
	多·霉威	多霉灵、多霜清、多霉威	防治番茄早疫病和菌核病、黄瓜菌核病、豇豆菌核病、苦瓜灰斑病、菠菜叶斑病、蔬菜作物灰霉病等
	噁醚唑	世高、敌萎丹	防治蔬菜作物黑星病、白粉病、叶斑病、锈病、炭疽病等
	溴菌腈	休菌清、炭特灵、细菌必克	防治炭疽病、黑星病、疮痂病、白粉病、锈病、立枯病、猝倒病、根茎腐病、溃疡病、青枯病、角斑病等
	氟哇唑	福星、农星、杜邦新星、克菌星	防治苹果黑星病、白粉病，谷类眼点病，小麦叶锈病和条锈病

（续）

通用名		商品名	用途
除草剂类	甲草胺	灭草胺、拉索、拉草、杂草锁、草不绿、澳特拉索	芽前除草剂，主要杀死出苗前土壤中萌发的杂草，对已出土杂草无效
	乙草胺	禾耐斯、消草胺、刈草安、乙基乙草安	芽前除草剂，防治一年生禾本科杂草和部分小粒种子的阔叶杂草
	仲丁灵	双丁乐灵、地乐胺、丁乐灵、止芽素、比达宁、硝基苯胺灵	防除稗草、牛筋草、马唐、狗尾草等一年生单子叶杂草及部分双子叶杂草
	氟乐灵	茄科灵、特氟力、氟利克、特福力、氟特力	属芽前除草剂，用于防除一年生禾本科杂草及部分双子叶杂草
	二甲戊灵	施田补、除草通、杀草通、除芽通、胺硝草、硝苯胺灵、二甲戊乐灵	防除一年生禾本科杂草、部分阔叶杂草和莎草
	扑草净	扑灭通、扑蔓尽、割草佳	防除一年生禾本科杂草及阔叶草
	嗪草酮	赛克、立克除、赛克津、赛克嗪、特丁嗪、甲草嗪、草除净、灭必净	对一年生阔叶杂草和部分禾本科杂草有良好防除效果，对多年生杂草无效
	草甘膦	农达、镇草宁、草克灵、奔达、春多多、甘氨磷、嘉磷塞、可灵达、农民乐、时拨克	无残留灭生性除草剂，对一年生及多年生杂草都有效
	禾草丹	杀草丹、灭草丹、草达灭、除草莠、杀丹、稻草完	适用于水稻、麦类、大豆、花生、玉米、蔬菜田及果园等防除稗草、牛毛草、异型莎草、千金子、马唐、蟋蟀草、狗尾草、碎米莎草、马齿草、看麦娘等

（续）

通用名		商品名	用途
除草剂类	喹禾灵	禾草克、盖草灵、快伏草	防除看麦娘、野燕麦、雀麦、狗牙根、野茅、马唐、稗草、蟋蟀草、匍匐冰草、早熟禾、法氏狗尾草、金狗尾草等多种一年生及多年生禾本科杂草，对阔叶草无效
	稀禾定	拿捕净、乙草丁、硫乙草灭	防除双子叶作物田中稗草、野燕麦、狗尾草、马唐、牛筋草、看麦娘、白茅、狗芽根、早熟禾等单子叶杂草
植物生长调节剂类	萘乙酸	A-萘乙酸、NAA	促进生根，防止落花落果
	2,4-滴	2,4-D、2,4-二氯苯氧乙酸	防止落花落果
	赤霉素	赤霉酸、奇宝、九二〇、GA_3	提高无籽葡萄产量，打破马铃薯休眠，促进作物生长、发芽、开花结果；能刺激果实生长，提高结实率
	乙烯利	乙烯灵、乙烯磷、一试灵、益收生长素、玉米健壮素、2-氯乙基膦酸、CEPA、艾斯勒尔	促进果实成熟、雌花发育
	丁酰肼	比久、调节剂九九五、二甲基琥珀酰肼、B9、B-995	抑制新枝徒长，缩短节间，增加叶片厚度及叶绿素含量，防止落花，促进坐果，诱导不定根形成，刺激根系生长，提高抗寒力
	矮壮素	三西、西西西、CCC、稻麦立、氯化氯代胆碱	促使植株变矮，杆茎变粗，叶色变绿，可使作物耐旱耐涝，防止作物徒长倒伏，抗盐碱，又能防止棉花落铃，可使马铃薯块茎增大

（续）

通用名		商品名	用途
植物生长调节剂类	甲哌鎓	缩节胺、甲呱啶、助壮素、调节啶、健壮素、缩节灵、壮棉素、棉壮素	对蔬菜等作物具有抑制徒长、促叶片增厚、增强抗逆性、提高坐果率等作用
	多效唑	氯丁唑	抑制秧苗顶端生长优势，促进侧芽（分蘖）滋生。秧苗外观表现为矮壮多蘖，根系发达
杀线虫剂类	溴甲烷	溴代甲烷、一溴甲烷、甲基烷、溴灭泰	用于植物保护，作为杀虫剂、杀菌剂、土壤熏蒸剂和谷物熏蒸剂，但在黄瓜上禁用
	棉隆	迈隆、必速灭、二甲噻嗪、二甲硫嗪	土壤消毒剂，能有效地杀灭土壤中各种线虫、病原菌、地下害虫及萌发的杂草种子
杀软体动物剂类	四聚乙醛	密达、蜗牛散、蜗牛敌、多聚乙醛	防治福寿螺、蜗牛、蛞蝓等软体动物
	杀螺胺	百螺杀、贝螺杀、氯螺消	防治琥珀螺、椭圆萝卜螺、蛞蝓
	甲硫威	灭旱螺、灭梭威、灭虫威、灭赐克	防治软体动物

附录 B　常见计量单位名称与符号对照表

量的名称	单位名称	单位符号
长度	千米	km
	米	m
	厘米	cm
	毫米	mm

（续）

量的名称	单位名称	单位符号
面积	公顷	ha
	平方千米（平方公里）	km^2
	平方米	m^2
体积	立方米	m^3
	升	L
	毫升	mL
质量	吨	t
	千克（公斤）	kg
	克	g
	毫克	mg
物质的量	摩尔	mol
时间	小时	h
	分	min
	秒	s
温度	摄氏度	℃
平面角	度	(°)
能量，热量	兆焦	MJ
	千焦	kJ
	焦［耳］	J
功率	瓦［特］	W
	千瓦［特］	kW
电压	伏［特］	V
压力，压强	帕［斯卡］	Pa
电流	安［培］	A

参考文献

［1］山东农业大学. 蔬菜栽培学各论［M］. 北京：中国农业出版社，1999.

［2］张福墁. 设施园艺学［M］. 北京：中国农业大学出版社，2001.

［3］王倩，孙令强，孙会军. 西瓜甜瓜栽培技术问答［M］. 北京：中国农业大学出版社，2007.

［4］张玉聚，李洪连，张振臣，等. 中国蔬菜病虫害原色图解［M］. 北京：中国农业出版社，2010.

［5］郑建秋. 现代蔬菜病虫鉴别与防治手册［M］. 北京：中国农业出版社，2003.

［6］王坚，蒋有条. 西瓜栽培技术［M］. 北京：金盾出版社，2009.

［7］农业部农民科技教育培训中心，中央农业广播电视学校. 西瓜甜瓜栽培技术百问百答［M］. 北京：中国农业大学出版社，2009.

［8］王久兴，齐福高，陈凤茹，等. 图说甜瓜栽培关键技术［M］. 北京：中国农业出版社，2010.

［9］王久兴，张慎好，等. 瓜类蔬菜病虫害诊断与防治原色图谱［M］. 北京：金盾出版社，2005.

［10］邓德江. 西瓜甜瓜优质高效栽培技术［M］. 北京：中国农业出版社，2007.

［11］夏声广. 西瓜病虫害防治原色生态图谱［M］. 北京：中国农业出版社，2008.

［12］董凤英，谢成虎，吴治国. 设施重茬瓜丰产栽培关键技术［J］. 蔬菜，2013（8）：39-40.

［13］陈樾，高玉梅，顾利娟. 西瓜棚室生产重茬障碍控制途径［J］. 农民致富之友，2012（11）：43.

［14］孙兴祥，倪宏正，尤春，等. 西瓜穴盘基质嫁接育苗技术［J］. 中国瓜菜，2010，23（6）：42-44.

［15］贾纯社，柳大为. 日光温室秋冬茬西瓜嫁接高效栽培技术［J］. 现代农业科技，2010（16）：148-149.

［16］陈丽. 塑料大棚种植夏播西瓜［J］. 云南农业科技，2005（5）：30-31.

［17］林江武. 夏季西瓜丰产栽培技术［J］. 现代农业科技，2010（16）：